萌宝宝的可爱服饰钩织

50~80cm

（日）川路由美子　著
于　勇　译

河南科学技术出版社
· 郑州 ·

目 录

9 无袖长裙

尺寸　70cm

彩图　12

钩织方法　46

10 蝴蝶结长背心

尺寸　70cm

彩图　13

钩织方法　48

11 双色宝贝帽

12 双色无领背心

尺寸　70cm

彩图　14

带有步骤图的钩织方法　30

钩织方法　33

13 护耳帽

14 插肩袖开口毛衣

尺寸　70cm

彩图　15

钩织方法　50、52

15 小兔披风

尺寸　80 ~ 90cm

彩图　16

钩织方法　54

16 小熊披风

尺寸　80cm

彩图　17

钩织方法　56

17 泰迪熊背心

尺寸　70cm
彩图　18
钩织方法　52

18 拉链式开口毛衣

尺寸　80cm
彩图　19
钩织方法　58

19 小花斗篷

尺寸　80cm
彩图　20
钩织方法　43

20 花朵发饰
21 花田开口毛衣

尺寸　80cm
彩图　21
钩织方法　60

22 花片发圈
23 花片相连的束腰长裙

尺寸　80cm
彩图　22
钩织方法　62

24 玫瑰发饰
25 酒红色连衣裙

尺寸　80cm
彩图　23
钩织方法　64

圆育克宝宝裙和宝贝帽 | 50～70cm | 钩织方法33、34页

1 宝贝帽

2 圆育克宝宝裙

特别的日子里为孩子穿上宝宝裙，
再裹上柔软的毛毯

育克上的饰边超级可爱，
裙子松松软软，展开呈A字形，优美雅致。
搭配成套的帽子出席盛典，一定备受瞩目。

想用满载爱心的
软毛毯包裹小宝宝

爆米花针凸显于爱心之上，如同锦上添花。
花片相连的花样以长针钩织为主，简单易学，
特别推荐给菜鸟级的妈妈们。

3 爱心软毛毯 | 钩织方法36页

衣领和下摆处的花片迷人漂亮，若是男宝宝就不需加花片了

淡雅素净的棉线织物适用于一年四季。
衣领做成装饰领，取放依季节而变。
下摆处若不加饰花片，一样适合男宝宝。

有机棉宝宝裙和宝贝帽 | 50～70cm | 钩织方法37、38、73页

4 有机棉宝贝帽
5 有机棉宝宝裙

宝宝裙的装饰领
引导时尚指数直线飙升！

甜甜的桃色之上点缀着多层白色小饰边，可爱至极。
外出时戴上装饰领，
搭配紧身裤做束腰上衣也很出彩。

6 桃色夏日裙 | 80cm | 钩织方法40页

7 七彩花片毛毯

钩织方法42页

在五彩缤纷的花丛中
欢度幸福的时光

一片片花片相连一起，如花田般绚烂多彩。
花片钩织简单，忙中偷闲制作，
不知不觉间就大功告成了。

稍显费事的泰迪熊
贴花片很是可爱

花片相连钩织完成后，加饰短针钩织的贴花片。
因为棉线材质较重，
所以钩织时尽可增大花片尺寸以减轻重量。

8 泰迪熊毛毯 | 钩织方法44页

套在新生儿的衣服或贴身内衣之外，可以有效地调节体温

育克的转换之处以饰边点缀，
呈现出束腰上衣风格的设计。
有了足够的身长和重叠的双层衣襟，
宝宝的小肚肚就不会着凉了。

9 无袖长裙 | 70cm | 钩织方法46页

羊毛线背心上
加蝴蝶结的短针钩织

前面开口的设计便于娇嫩的宝宝穿着，
米黄色搭配浅粉色，
松软柔和之感非常适合女孩子。
若是男孩子可换用蓝色、乳白色。

10 蝴蝶结长背心 | 70cm | 钩织方法48页

诚邀初次手执钩针的妈妈也来挑战一下

30～32 页有详细的图示和说明。
菜鸟级的妈妈，请先从这件开始钩织，
稍稍熟悉之后，一定要钩织配套的帽子哦。

有机棉背心和帽子 | 70cm | 带有步骤图的钩织方法30页
钩织方法33页

11 双色宝贝帽
12 双色无领背心

戴上配套的有护耳的帽子，装扮更可爱，出行更夺目

整套只需长针钩织和短针钩织就轻松搞定，
织入的小花精致了细节，尤为可爱。
前开口毛衣的背后点缀着后腰装饰带，
很有外套的风格。

插肩袖开口毛衣和护耳帽 | 70cm | 钩织方法50、52页 | **13** 护耳帽 **14** 插肩袖开口毛衣

风帽上的小兔耳朵
是极具魅力的点睛之笔

从头上垂下来的披肩上，
三色浓淡搭配的裙摆式饰边非常漂亮。
披风可钩织再大些、长些，直到90cm。

15 小兔披风 | 80～90cm | 钩织方法54页

用本白色线钩织，无论男孩还是女孩穿上后都会变身为可爱的熊宝宝

镶上柔软的毛毛饰边
就不会刺扎粉嫩的小脸。
周边点缀心形贴花片后，可爱即刻加倍。

16 小熊披风 | 80cm | 钩织方法56页

泰迪熊的脸和
宝宝粉嘟嘟的脸，哪个大呢？

侧面点缀上小熊脚丫，
后面用线绳打结，像个小围裙。
或粉色，或奶油色，用你喜欢的颜色钩织吧。

17 泰迪熊背心 | 70cm | 钩织方法52页

18 拉链式开口毛衣 | 80cm | 钩织方法58页

条纹演绎自然色彩，
拉链展现简洁设计

前面用拉链连接的夹克式上衣，
由细腻柔软的织线钩织而成，
是适合外出的便装之一。

由两片长方形织片组合而成，制作简单

等针直编的长方形，
再点缀上肩部线绳和下摆处的小花，清新可爱。
套在连衣裙或小吊带之外，也会甜美靓丽。

19 小花斗篷 | 80cm | 钩织方法43页

方眼钩织加上装饰花片
轻盈美丽

方眼钩织的松软毛衣上
绽放着色彩、花瓣各不相同的鲜花。
鲜花的数量及点缀之处可由妈妈随意编排。

20 花朵发饰
21 花田开口毛衣

80cm

钩织方法60页

欧式风格的花片和
发圈搭配，可爱又清新

花片相连的束腰长裙使用漂亮的有机棉纱线钩织而成。
缩短裙子可当作背心用，
加长裙子又可作为连衣裙穿。

22 花片发圈
23 花片相连的束腰长裙 | 80cm | 钩织方法62页

下摆处穿丝带后，
值得您拥有

因为织线较细，下摆处的饰边也会轻盈摇摆。
袖子设计较为宽松，
也可作为短袖连衣裙穿。

24 玫瑰发饰
25 酒红色连衣裙 | 80cm | 钩织方法64页

机器人的手脚
可在后背上运动

开口毛衣的后背饰有机器人贴花片，
最适合精力旺盛的男孩子。
五颜六色的纽扣俏皮可爱。

26 机器人开口毛衣 | 80cm | 钩织方法66页

后背饰有
穿连衣裙的洋娃娃

口袋处的蝴蝶结和
洋娃娃的连衣裙都是淡淡的蓝色，既赏心又悦目。
女孩子的最爱之一。

27 洋娃娃开口毛衣 | 80cm | 钩织方法68页

可爱的三角形造型和
黑白色系的组合，时尚靓丽

这是一款有点大姐大的气质的斗篷，
环绕脖颈处的花片非常抢眼漂亮。
菜鸟级的妈妈先织一顶搭配的帽子试试看。

黑白色系斗篷和贝雷帽 | 80~90cm | 钩织方法70页

28 贝雷帽
29 黑白色系斗篷

戴上玫瑰花帽子
立现小巴黎女郎范儿

清新亮丽的绿色半球面上
盛开着大朵玫瑰花。
用粗线可快速完工，
即便再大件的织物也无所畏惧。

玫瑰花披肩和玫瑰花帽子 | 80~90cm | 钩织方法72页

30 玫瑰花帽子
31 玫瑰花披肩

32 花朵宝宝被和外套 | 50~80cm | 钩织方法74页

饰边与花片清新迷人，给女孩子穿吧

既可作为婴儿的小襁褓，又可作为会走路宝宝的大外套。包裹可爱宝宝的颜色沉静、轻柔。

33 泰迪熊宝宝被和外套 | 50~80cm | 钩织方法63、76页

男孩、女孩都喜欢可爱的泰迪熊

清新的蓝色和绿色横条纹，风帽上的耳朵和下摆处的泰迪熊贴花片是赏心悦目之处。若是女孩，换成粉色系会更加甜美迷人。

看着图示和图片一起来钩织

11 双色宝贝帽
12 双色无领背心

14 页

● **材料**

线：基本色是和麻纳卡婴儿用（中粗线）薄荷绿色（97）90g，配色是婴儿用（中粗线）本白色（11）55g ★各1团

纽扣：13mm 圆形3颗

针：5/0号钩针，缝衣针

● **密度**

10cmx10cm 面积内：编织花样20针、8.5行

● **配色变奏曲**

作品由薄荷绿色和本白色组合而成，也可尝试更协调的配色。因为色调很柔和，所以适合宝宝。

粉色（91）
＋
本白色

橙色（92）
＋
本白色

黄色（93）
＋
本白色

绿色（94）
＋
本白色

[编织花样与实物等大的针目和符号]

（编织花样）

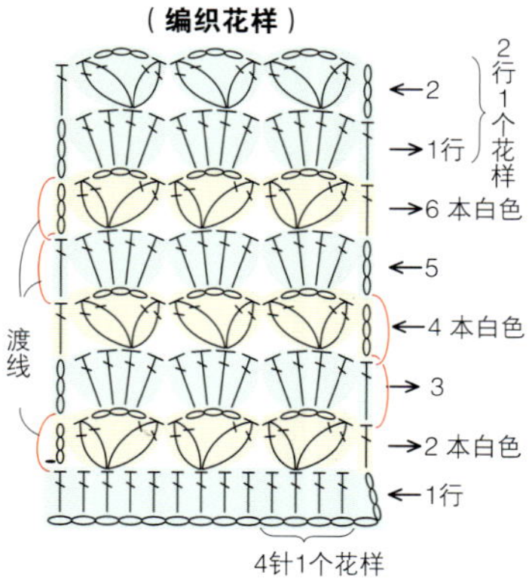

1 记住编织花样哦

1 用薄荷绿色线锁针起针，第1行织长针，第2行换本白色线织枣形针。注意不要弄错在第1行长针上织入枣形针的位置。相同花样织4行，为了花样平整，避免松垮，正面行和反面行的织入位置不同。

2 第2行编织终点，从针目中抽出钩针，将线拉出做1个大大的环，线团从中穿过后，打结。用薄荷绿色线钩织第3行时本白色线暂置一旁，在第4行的起点再将其纵向渡线进行钩织。

★编织图中未标明单位的尺寸均以厘米（cm）为单位。

2 开始钩织背心喽

1 从下摆处起针钩织前、后身片，一直钩织到腋下。从腋下向上继续钩织右前身片，然后分别加线钩织后身片、左前身片。

完成前、后身片的钩织

2 将钩织好的前、后肩部正面相对并对齐，用缝衣针把肩部的针目一一缝合。

肩部缝合完毕，背心就钩织好了

[**背心**]

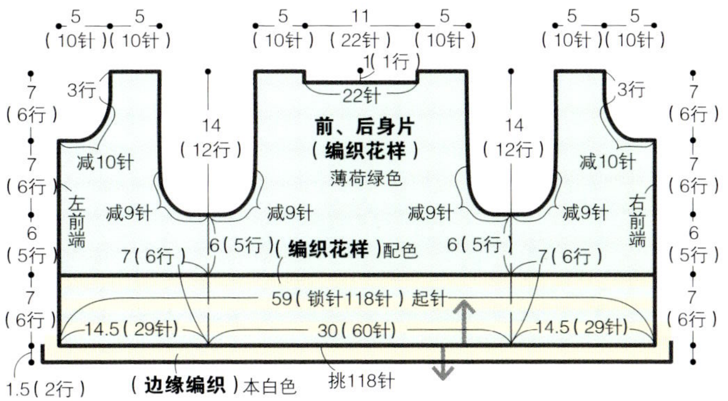

[**前、后身片的编织方法**]

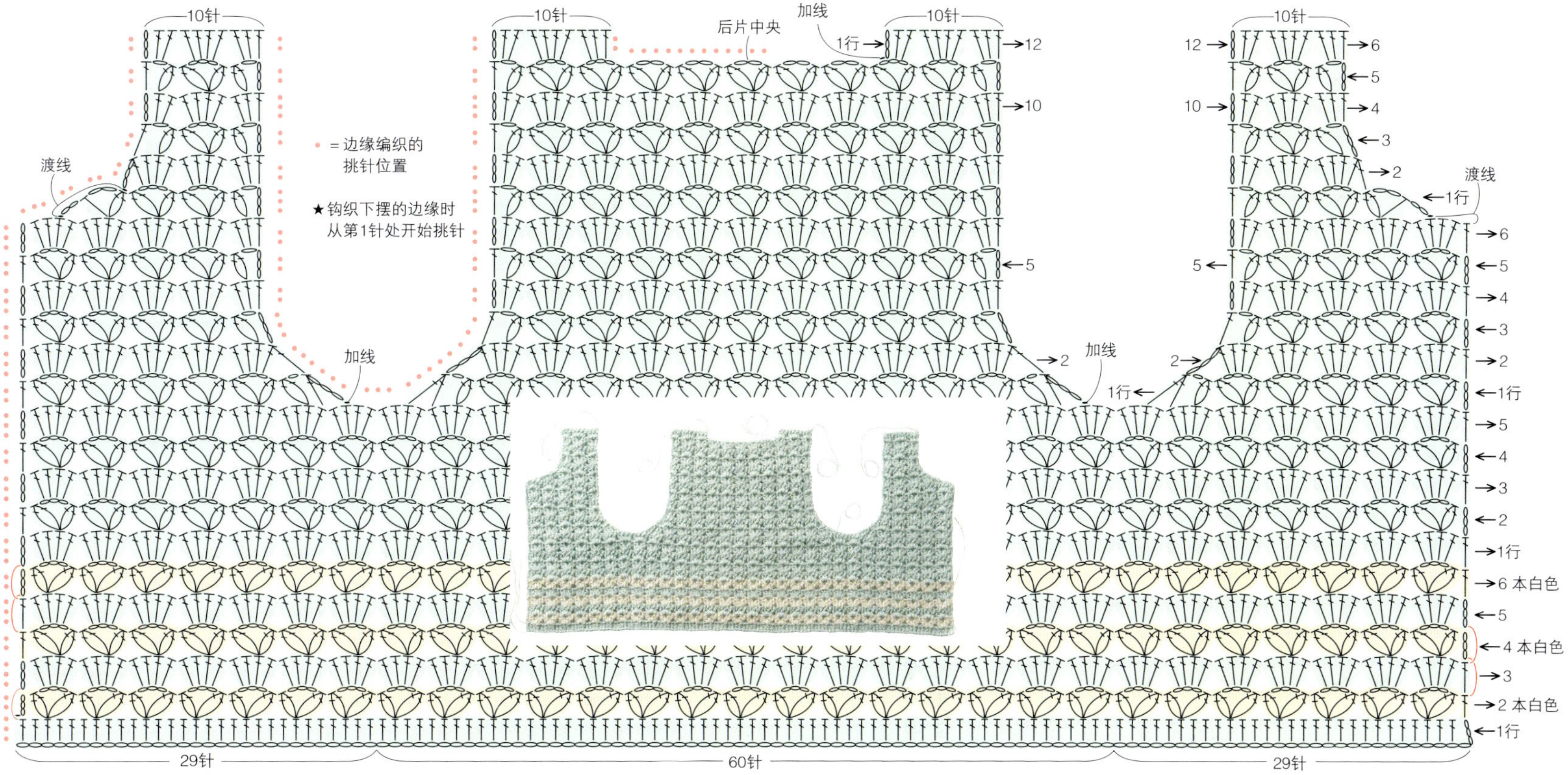

3 边缘编织

1　在右前门襟的下摆处接上本白色线以短针进行第1行边缘编织。钩针不要挑破织片各行的立针柱，领口、下摆都同样挑针进行环形钩织。

2　第2行钩织海扇形花样。袖口在腋下处加线钩织相同的边缘。前门襟的边缘针目作为扣眼使用，用劈开的本白色线缝上纽扣。

4 装饰飘带后即可完工

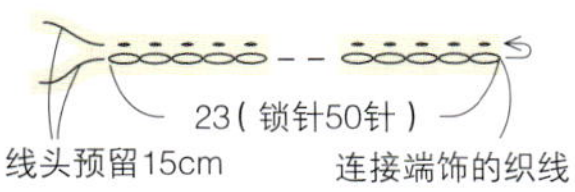

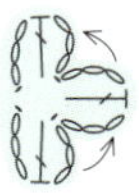

1　飘带用本白色线钩织锁针，挑起锁针的后山反向钩织。

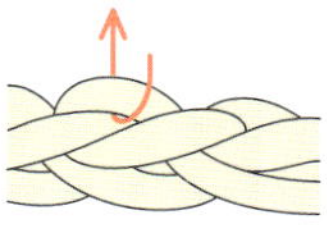

2　在飘带的一端织入薄荷绿色线的端饰，预留15cm 线头，剪断织线。

3 · 将线头拉向端饰的内侧，做回针缝，将其隐藏后，剪去多余的织线。

4　从固定飘带处的针目两侧，分别将飘带的线头拉向背面。

5　在背面将线头打2次结，并将线头埋入相同颜色的收边里。

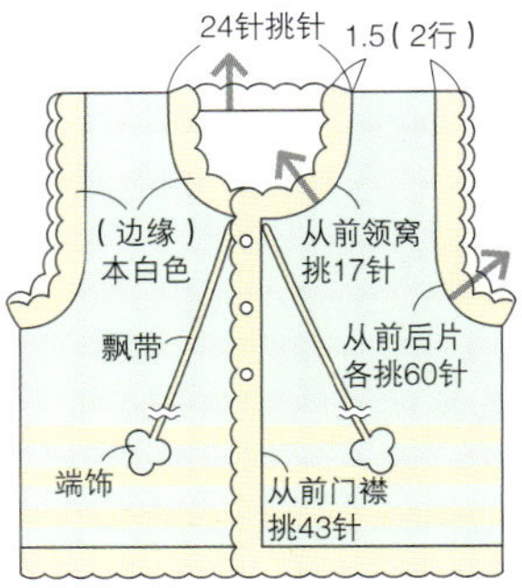

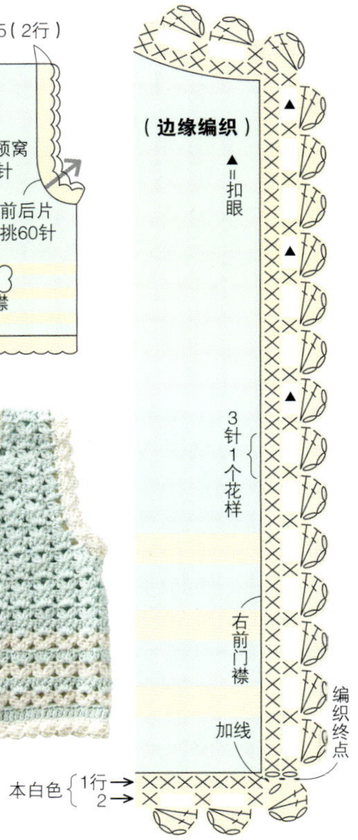

［帽子的钩织方法］

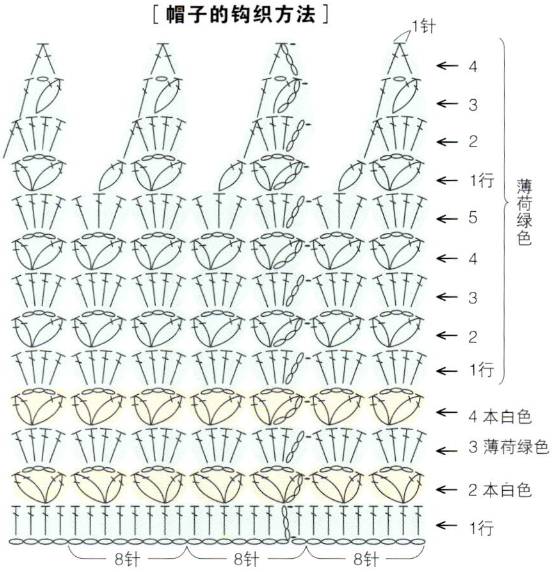

11 双色宝贝帽、12 双色无领背心 14 页

钩织方法

1 帽子的钩织方法图参见32页右下。根据头围大小起针，环形钩织与背心相同的花样。在第2、4行需要钩织的配色线不用剪断，包裹着织入纵向渡线。

2 帽顶部5行中11处需减针钩织，并紧缩余下针目。

3 头围处做边缘编织，帽顶加饰毛线绒球。

［帽子］

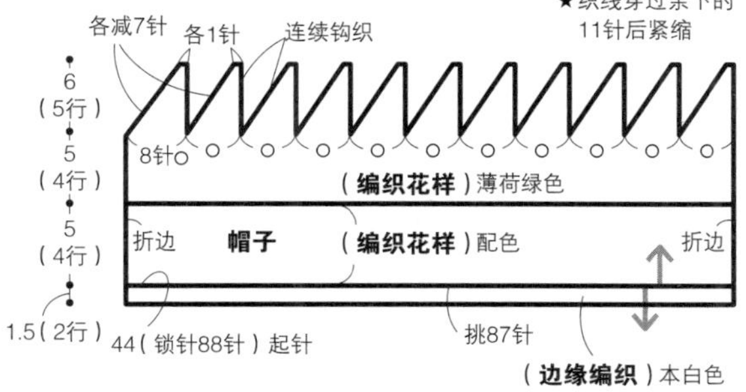

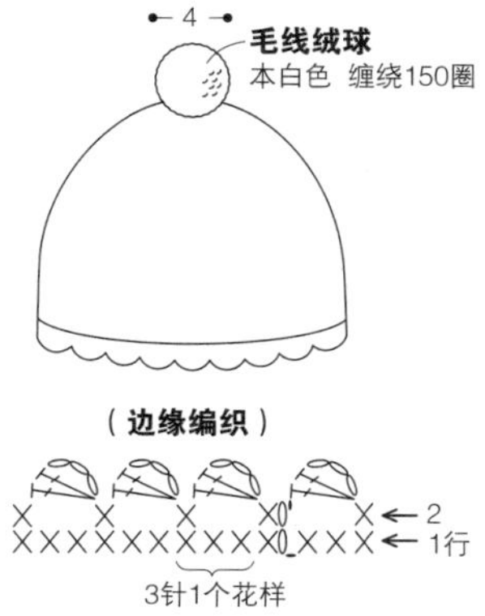

作品的钩织方法

1 宝贝帽 6 页

★材料、宝宝裙的钩织方法等详见34页。

钩织方法

1 根据脸周大小起针，照图示钩织编织花样B。

2 依缝合标记接缝，脸周钩织与宝宝裙的饰边相同的边缘编织B（在脸周的起针上第1行钩织短针）、颈部钩织边缘编织D。

3 钩织飘带并穿于边缘编织D的针目间。

［帽子］

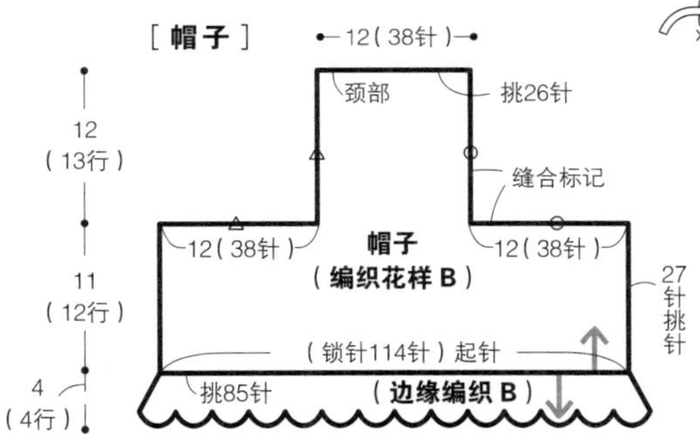

（边缘编织D）

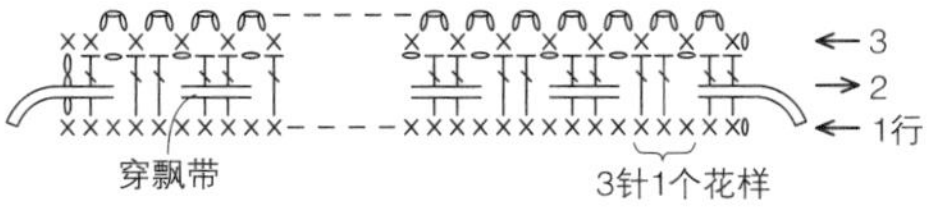

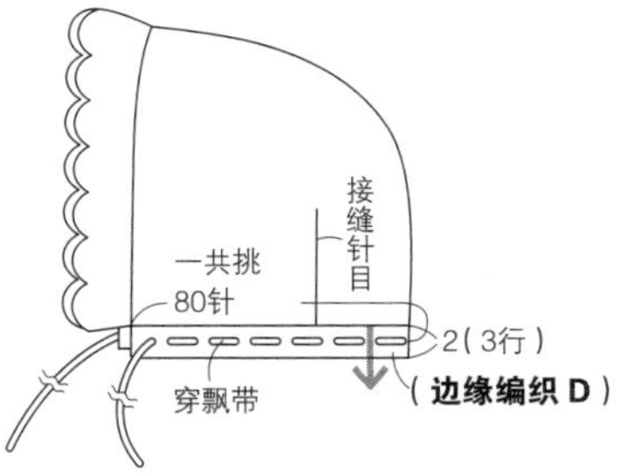

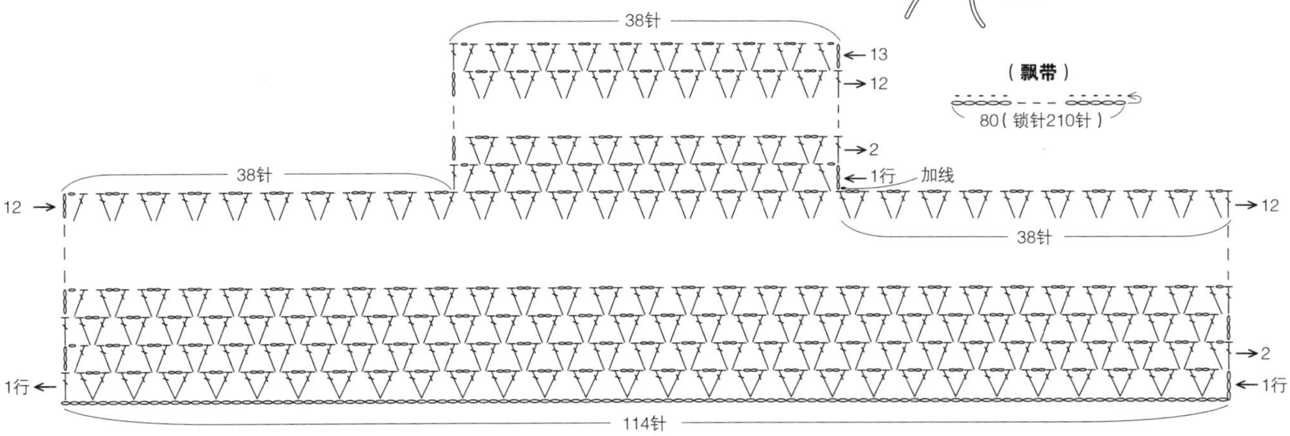

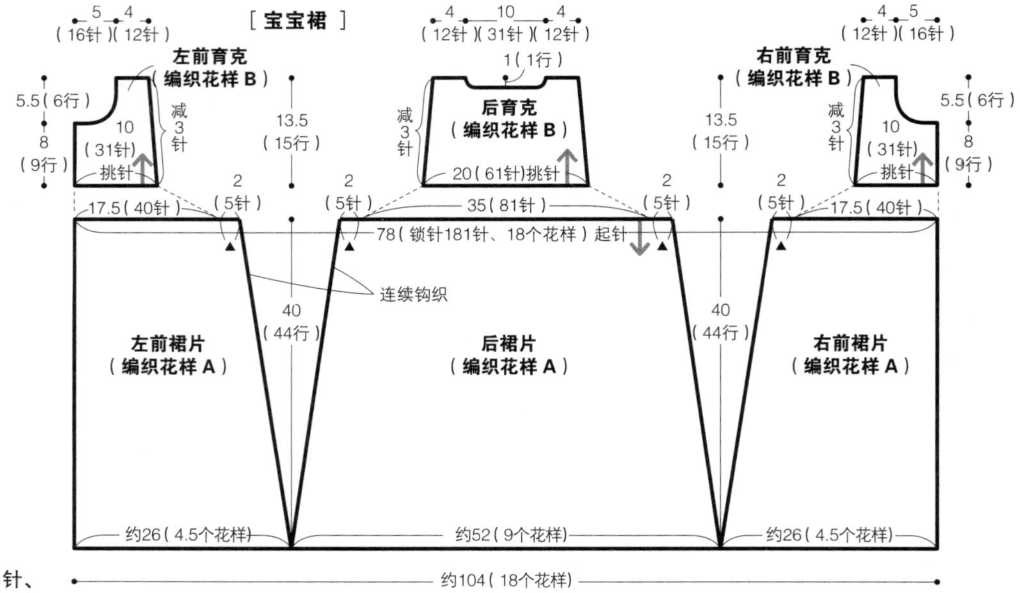

★宝贝帽的钩织方法参见33页

材料

线：和麻纳卡(中细)本白色(6)300g

纽扣：10mm 圆珍珠扣8颗

针：4/0号钩针

密度

10cmx10cm 面积内：编织花样 A 23针、(下摆处1个花样约5.8cm)、11行；编织花样 B 31针、11行

钩织方法

★用1股线、4/0号钩针钩织宝宝裙

1 裙子的前后片连续编织花样 A，之后从腰部开始钩织。如图所示边加针边钩织花样 A，扩展下摆。

2 育克从裙子的腰部侧边挑针，双腋下分别留下10针，前后身片分别钩织编织花样 B。衣袖也钩织编织花样 B。

3 接缝肩部，缝合袖下缝，袖口做边缘编织 A。

4 领窝、前门襟处做边缘编织，将另外织好的饰边缝合成半圆形。

(编织花样 A)

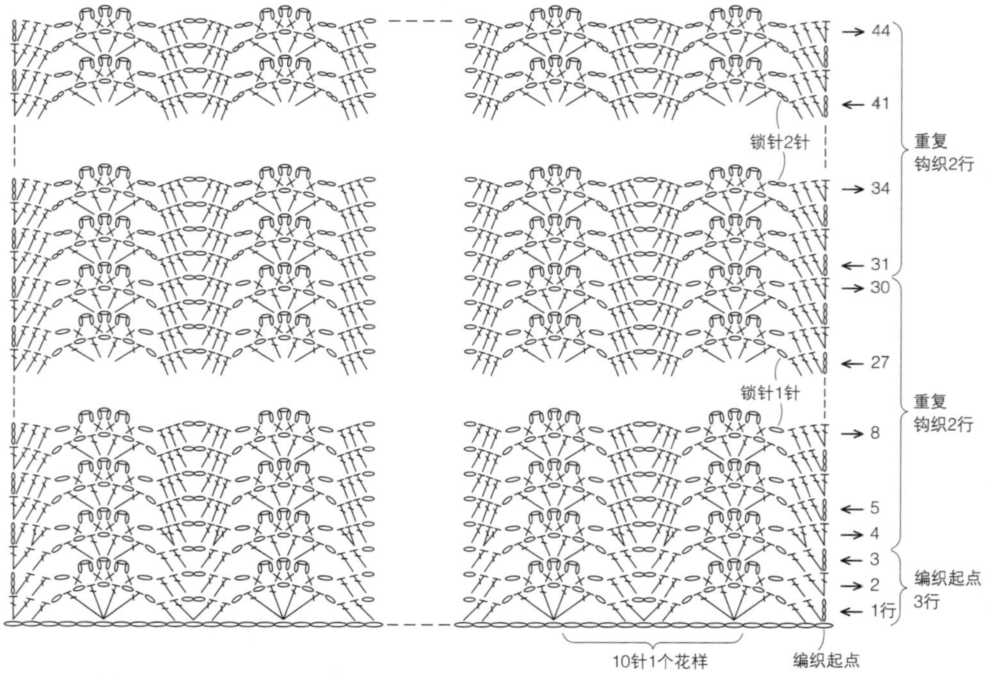

(编织花样 B)

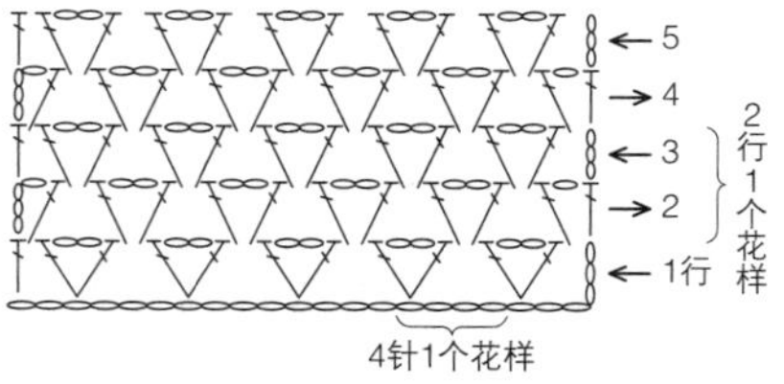

[衣袖]

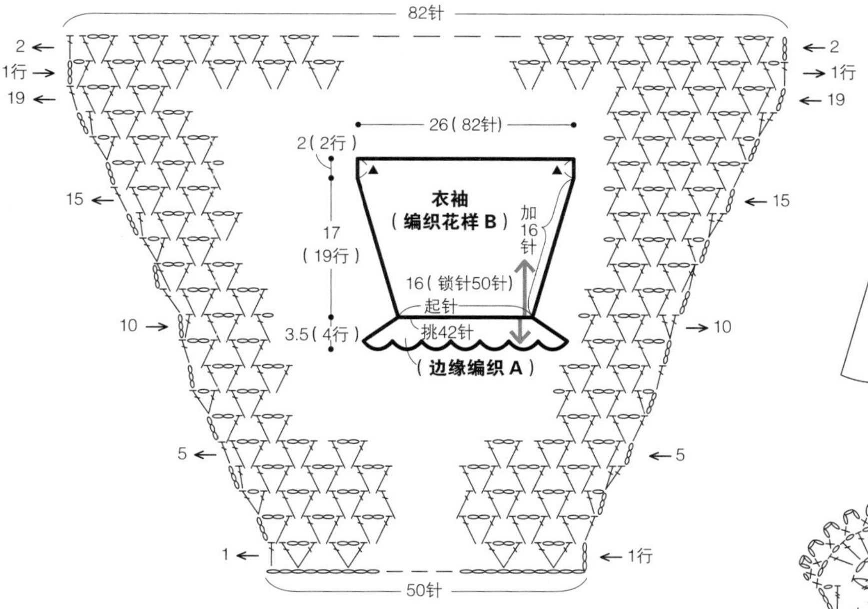

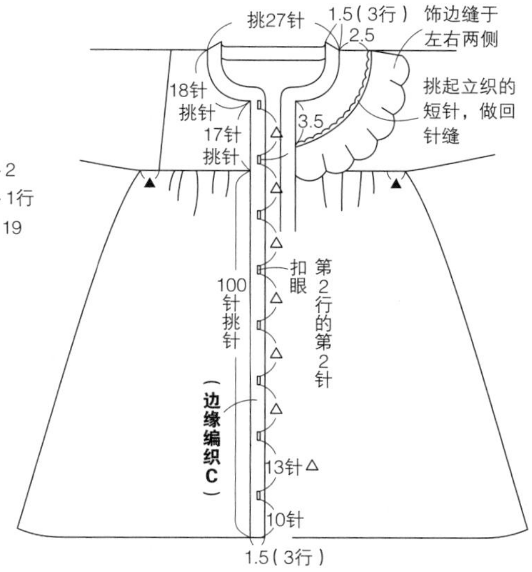

饰边（边缘编织 B）

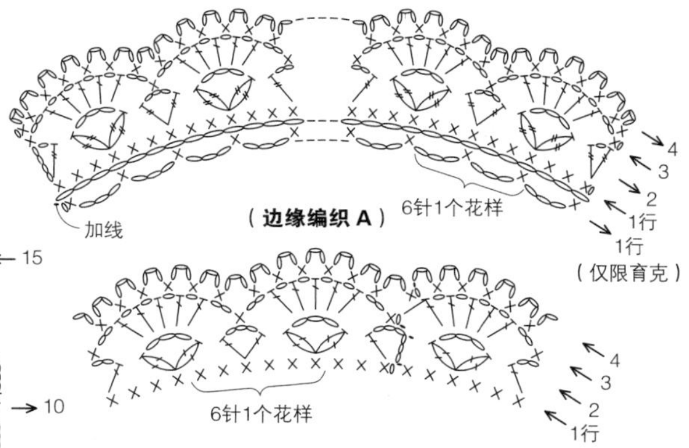

[后育克]

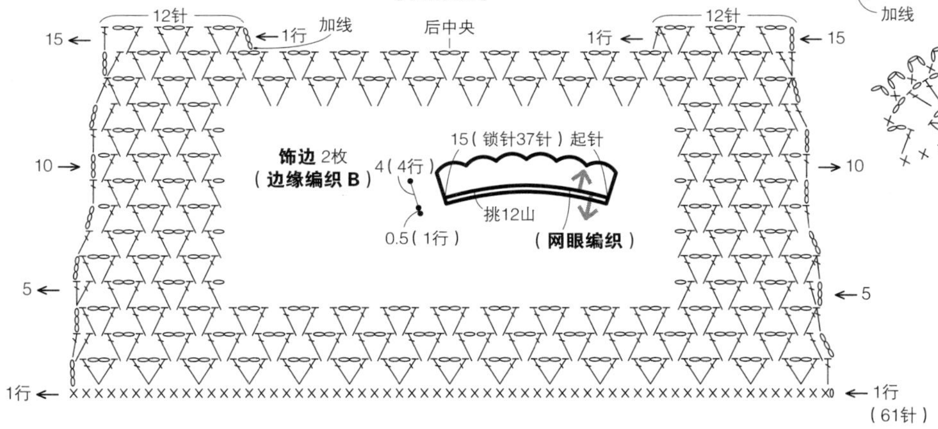

[右前育克]　　[左前育克]

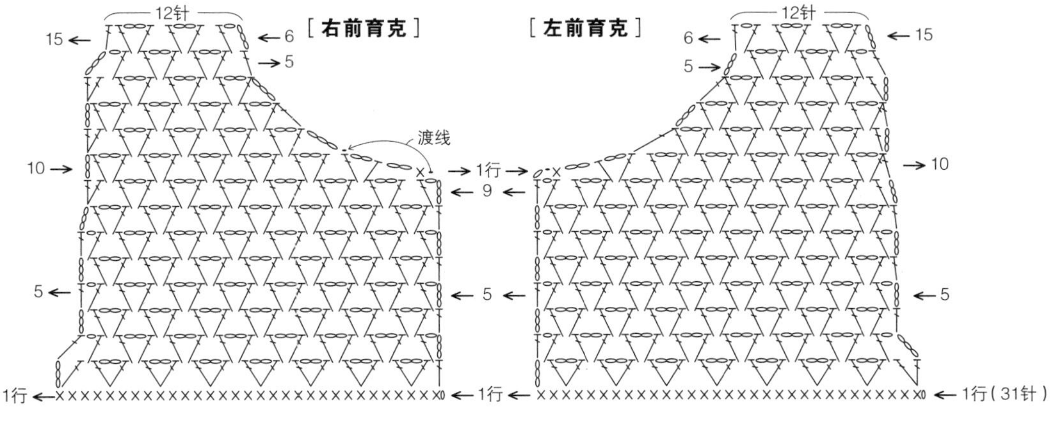

（边缘编织 C与扣眼）

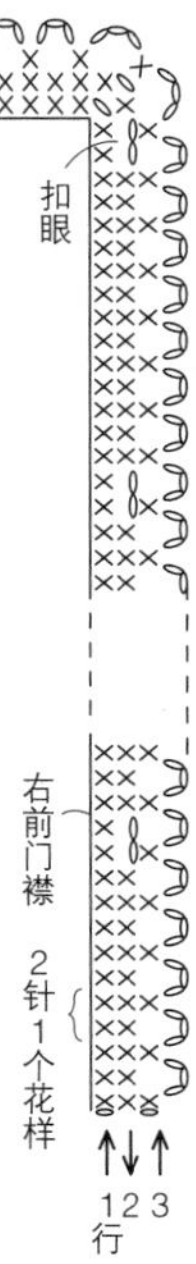

3 爱心软毛毯 | 7页

材料

线：和麻纳卡丘比特(中细)本白色(6) 460g

针：4/0号钩针

密度

10cm×10cm面积内：编织花样28针、10.5行

钩织方法

★用1股线、4/0号钩针钩织

1 起225针锁针，以5针长针的爆米花针钩出爱心花样。爆米花针的钩织方法如图所示，正面钩织的奇数行由前面入针，反面钩织的偶数行由反面入针进行钩织，即可在织片正面显现出凸起的圆球。

2 钩织成四边形，由周围挑针钩织双层边缘编织。

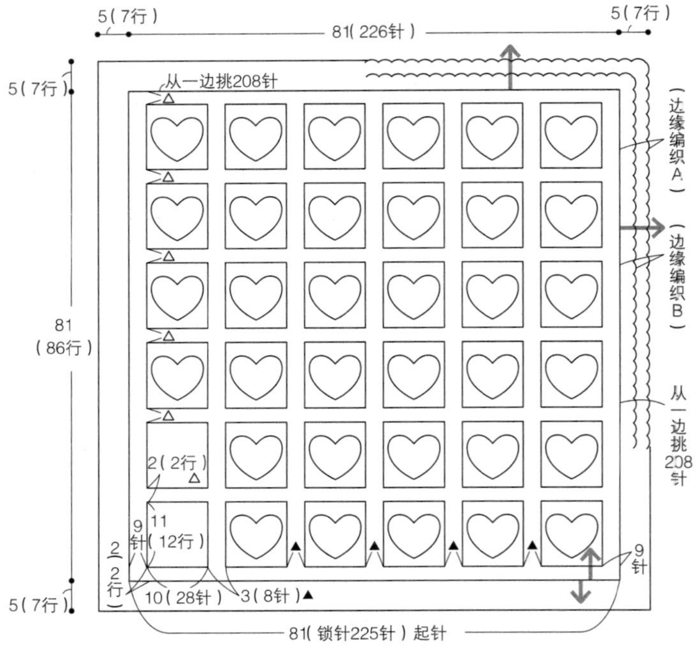

(编织花样)

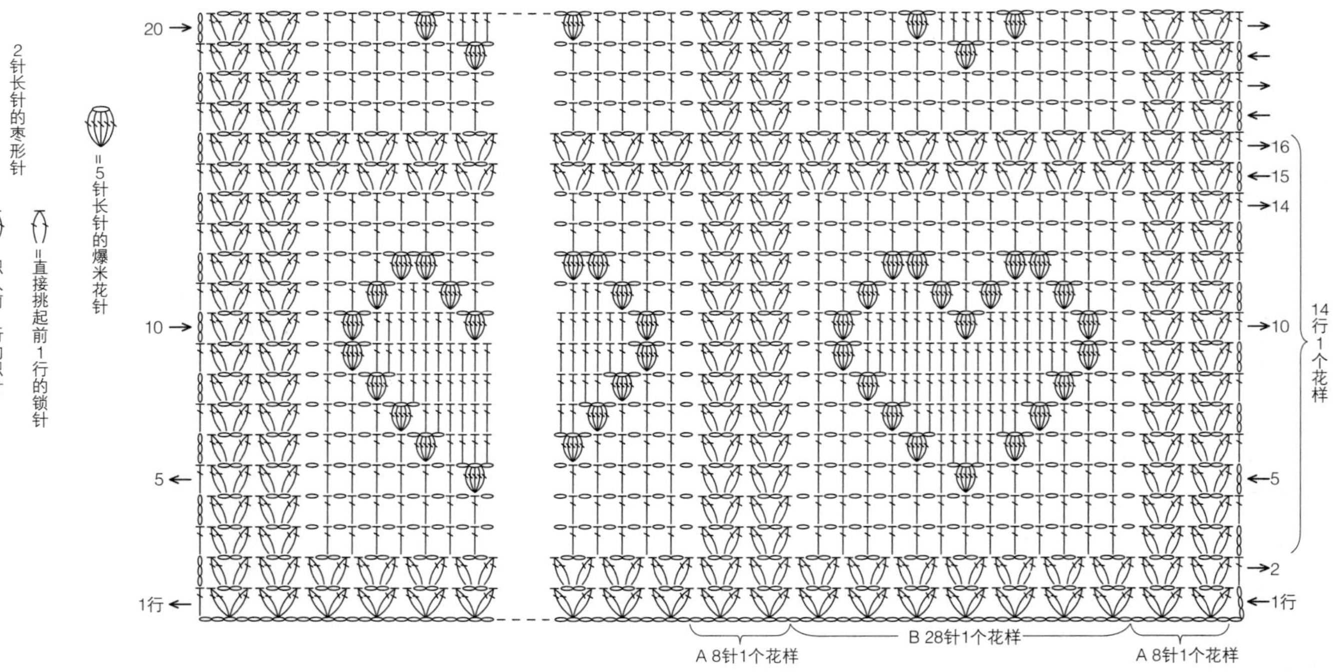

[软毛毯的边缘编织]

（边缘编织A）

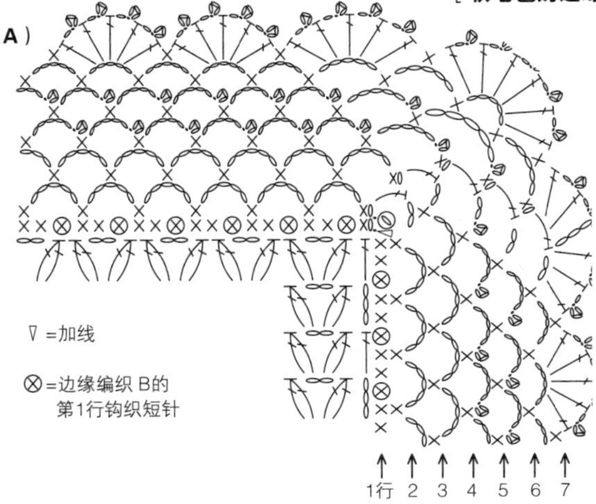

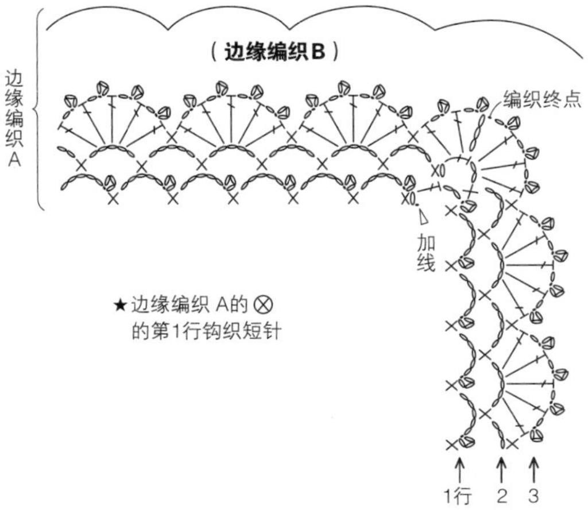

[5针长针的爆米花针]

（奇数行）　　（偶数行）

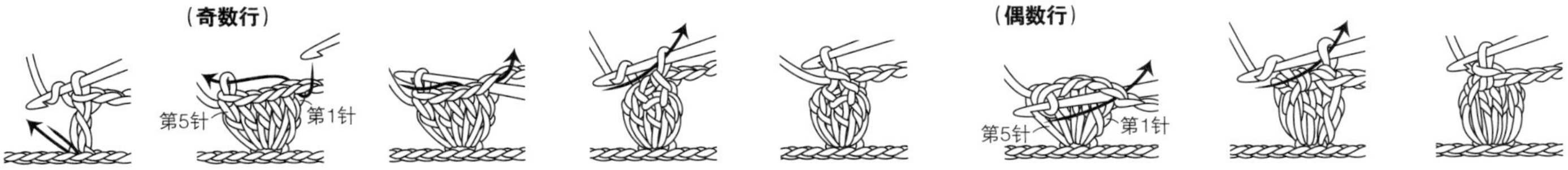

①1个针目里钩织5针短针　②抽去钩针后再重新插入　③引拔第5针的锁针　④针上挂线、引拔　⑤前面即为正面

②抽出钩针重新插入、引拔　③针上挂线、引拔　④反面为正面

★①与奇数行相同

4 有机棉宝贝帽 、5 有机棉宝宝裙的花片

8 页

★有机棉宝宝裙的材料、钩织方法参见38页

（花片）26枚

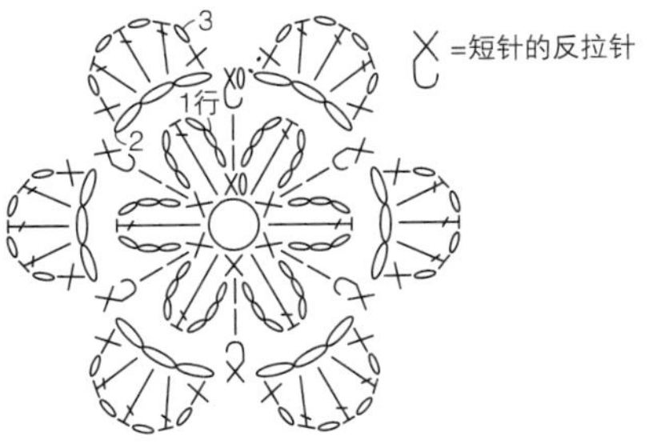

★编织起点的线环

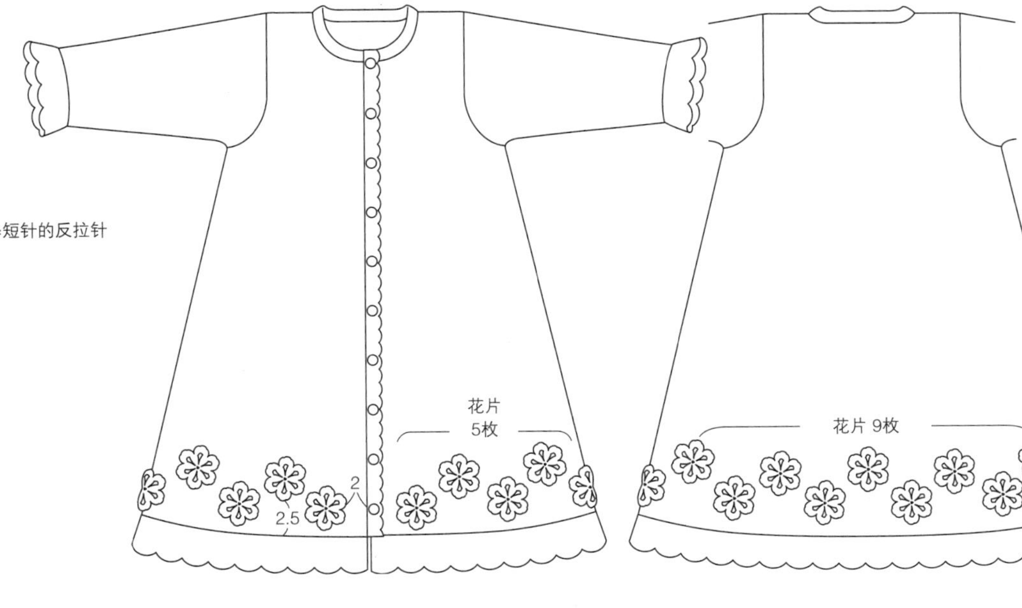

5 有机棉宝宝裙 | 8页

★有机棉宝贝帽的钩织方法参见73页、装饰领的钩织方法参见41页、花片的钩织方法参见37页

材料

线：和麻纳卡（中细）本白色（1）350g

纽扣：13mm 圆形10颗、15mm 圆形1颗

针：3/0号钩针

密度

10cm×10cm 面积内：编织花样30针、10行

钩织方法

★用1股线、3/0号钩针钩织

1 按照编织花样钩织身片、袖子。如图所示，前后身片的下摆到腋下处重复分散减针减少1个花样的针数，使得下摆处较为宽松。腋下处到肩部连续编织花样。

2 接缝肩部，缝合侧缝、袖下。

3 分别在下摆、领窝、前门襟、袖口处做边缘编织，加缝袖子。

4 钩织花片，锁缝于下摆之上。

[后身片]

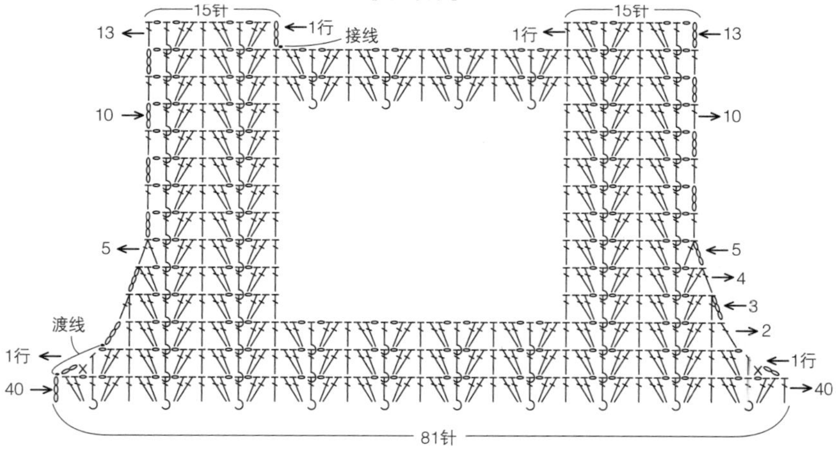

[后身片下摆]

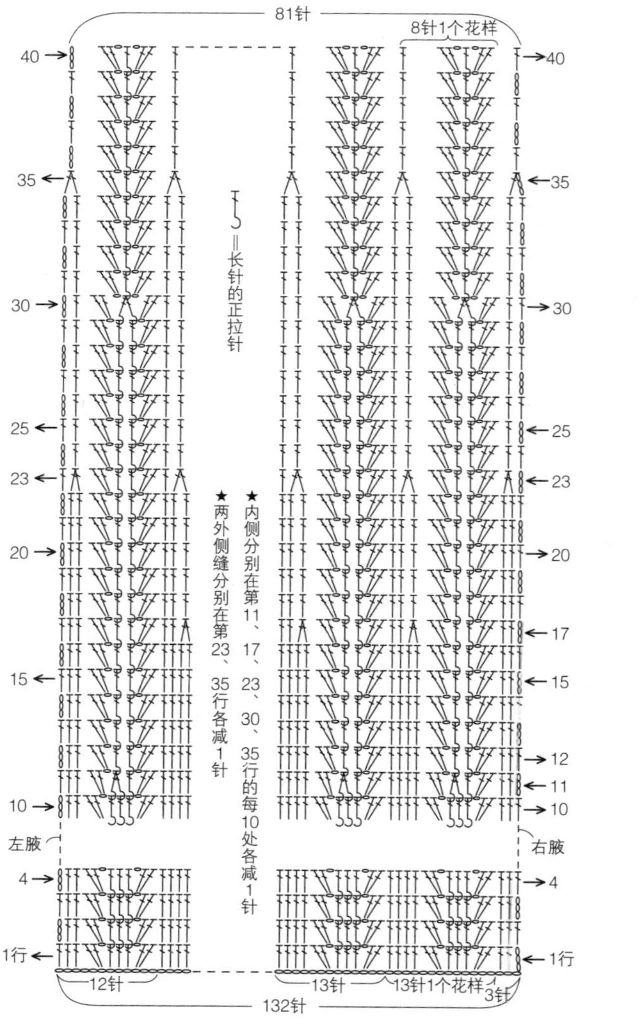

[宝宝裙]

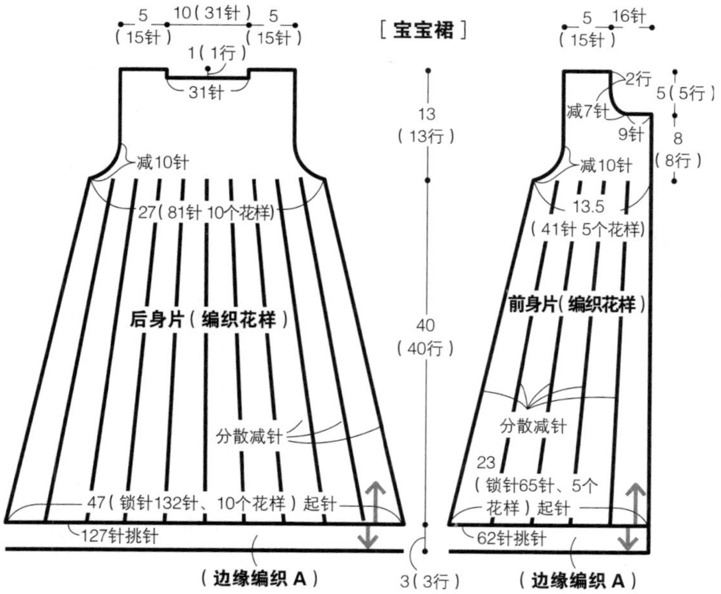

（边缘编织 A）

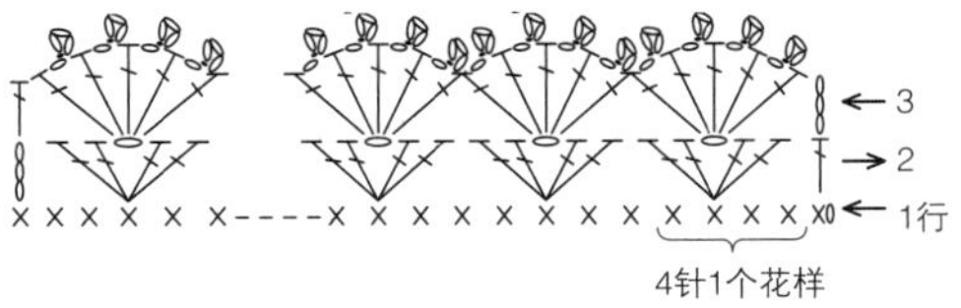

［右前身片］

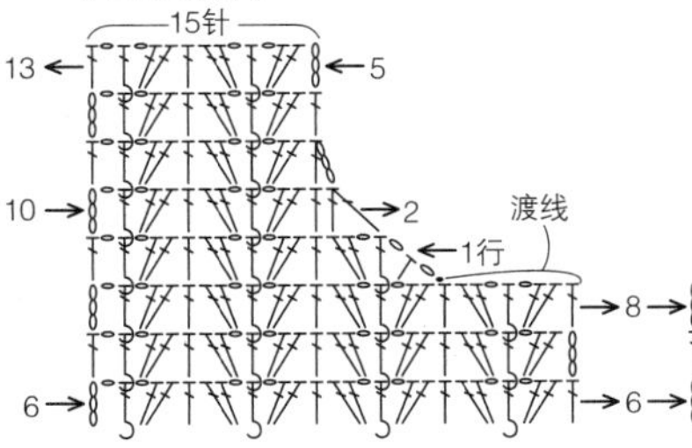

［左前身片］

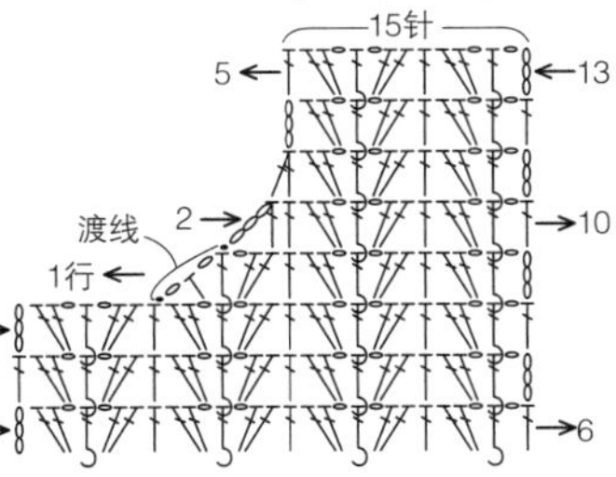

★袖窿处的减针与后面相同

［衣袖］

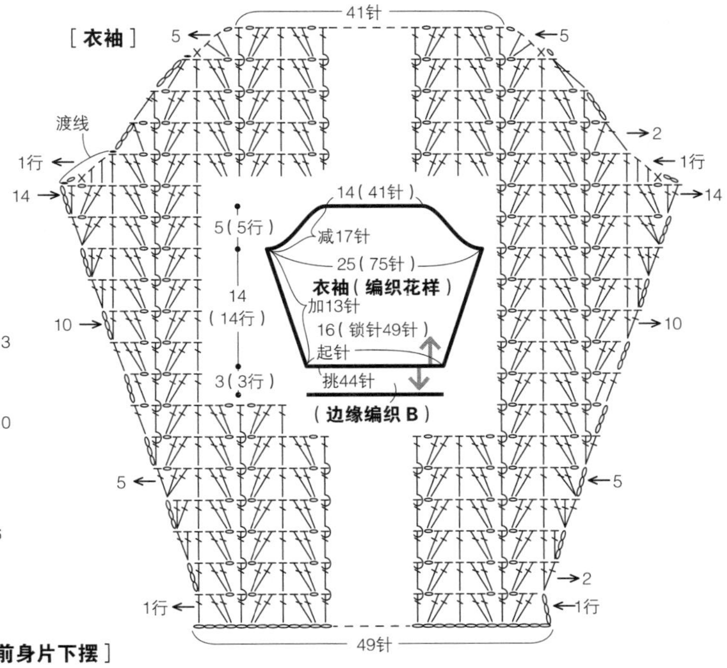

［左前身片下摆］

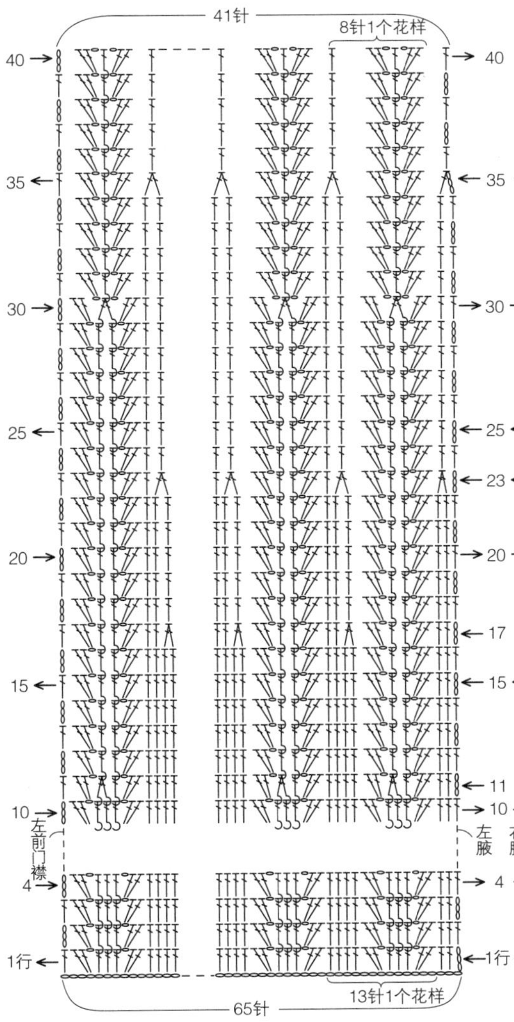

［右前身片下摆］

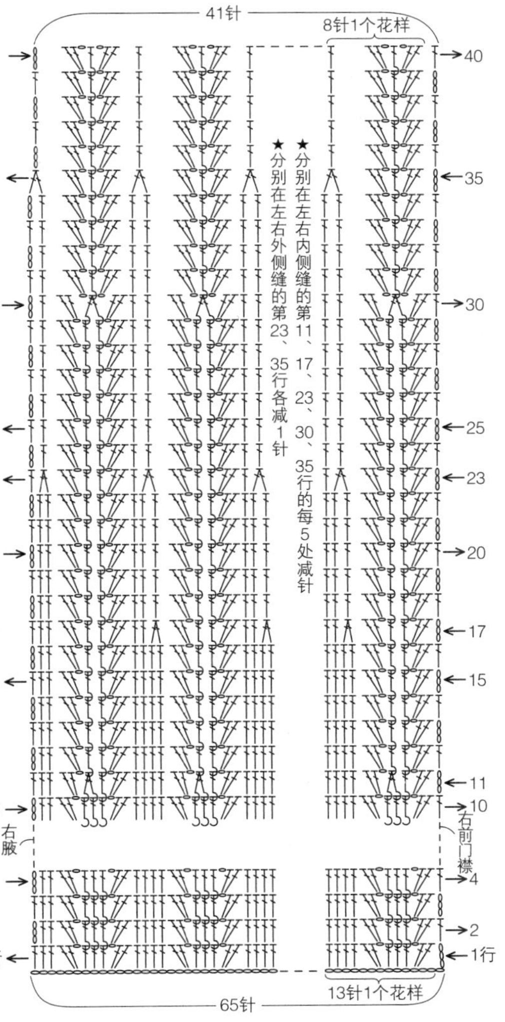

（边缘编织 B）

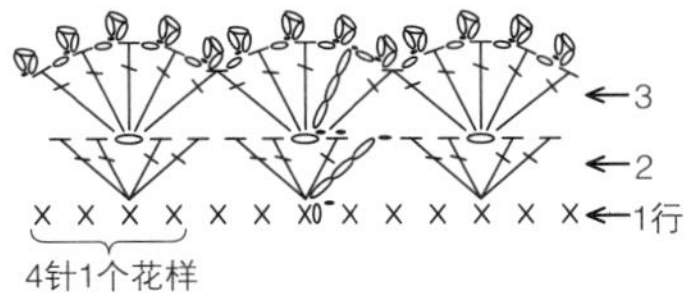

（边缘编织 C）

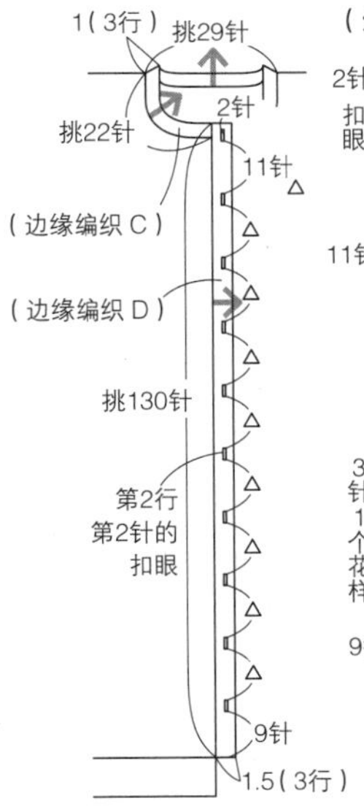

（边缘编织 D）

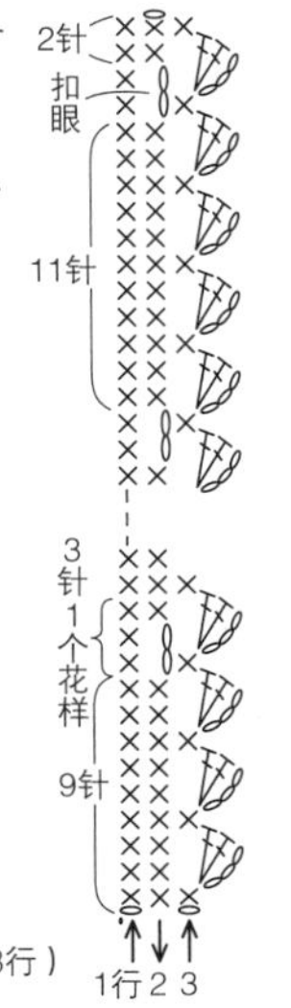

6 桃色夏日裙 | 9页

材料

线：连衣裙用和麻纳卡 TiTi Crochet（中细）桃红色（11）120g、本白色（2）55g，装饰领用和麻纳卡 Paume（中细）本白色（1）25g

纽扣：13mm 圆形2颗

针：3/0、4/0号钩针

密度

10cmx10cm 面积内：编织花样 A　30针、10行；编织花样 B　30针、17行

钩织方法

★用1股 TiTi Crochet 线、4/0号钩针钩织连衣裙的育克和裙子腰部，用1股 Paume 线、3/0号钩针钩织装饰领

连衣裙

1　在腰部侧边起针按照编织花样 A 钩织前后育克。

2　接缝肩部，缝合腋下。从育克的起针处挑针钩织前后裙片。6行之后重复钩织相同花样，以3/0号钩针钩织到21行，从22行起以4/0号钩针钩织，扩展裙摆。

3　后面开口处钩织短针，领窝、袖窿处钩织边缘编织。

装饰领

1　起针钩织网眼花样，周边做边缘编织。

2　领尖上锁针缝上37页的花片和60页的叶子，两端加饰飘带。

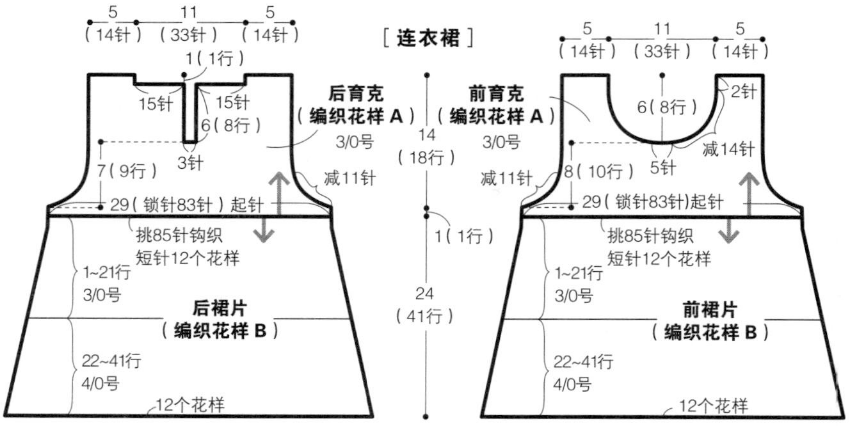

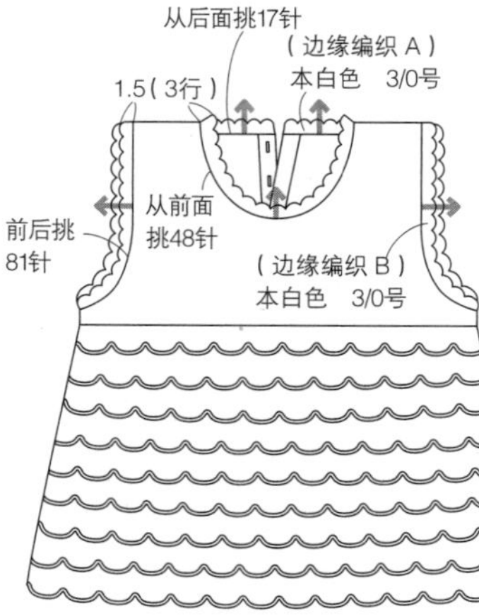

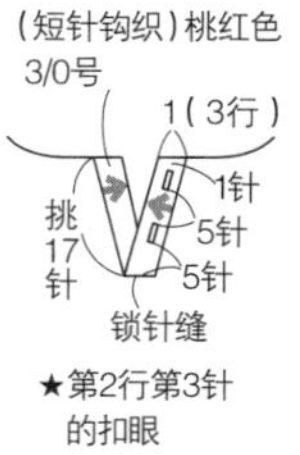

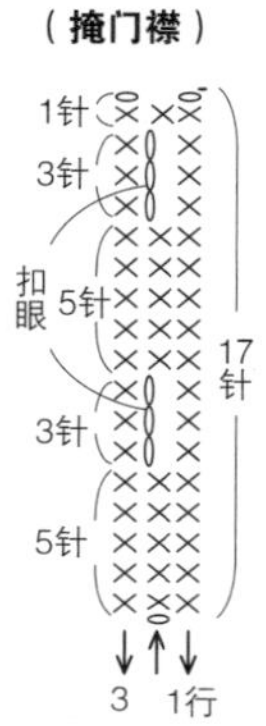

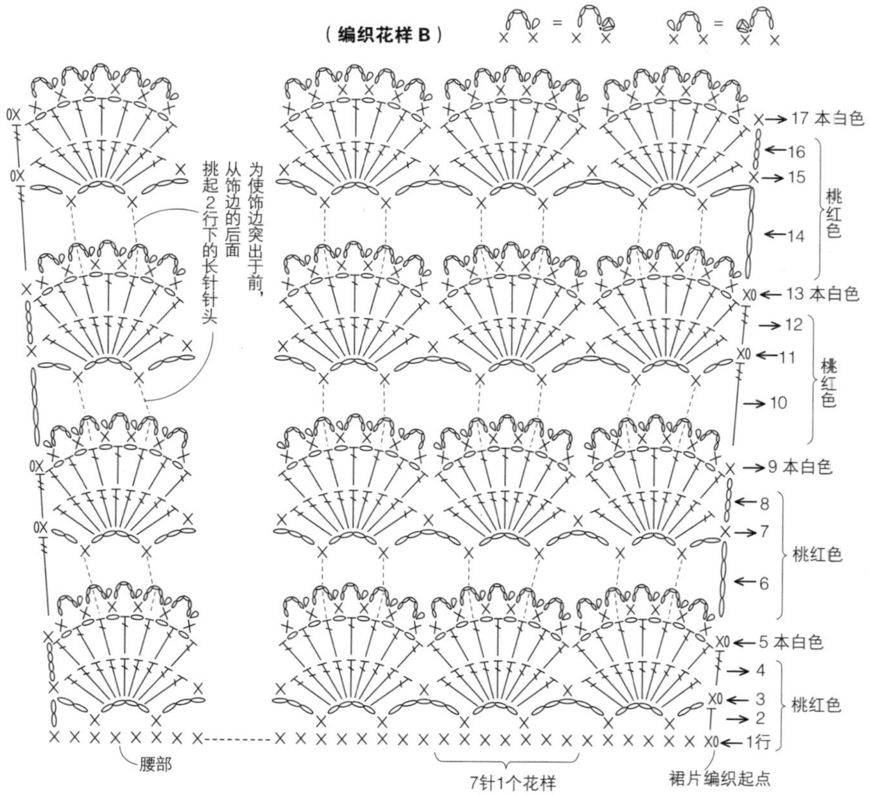

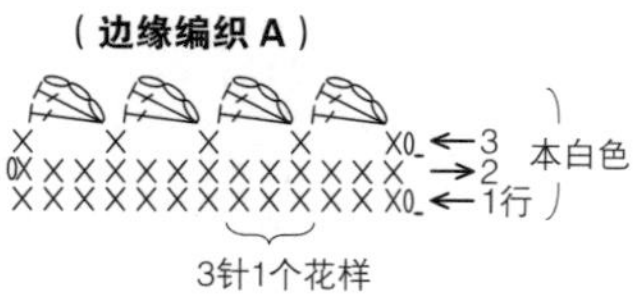

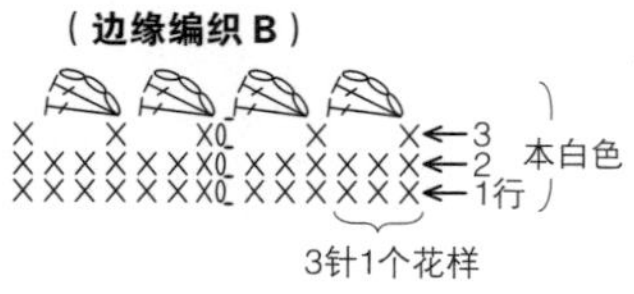

[前育克]

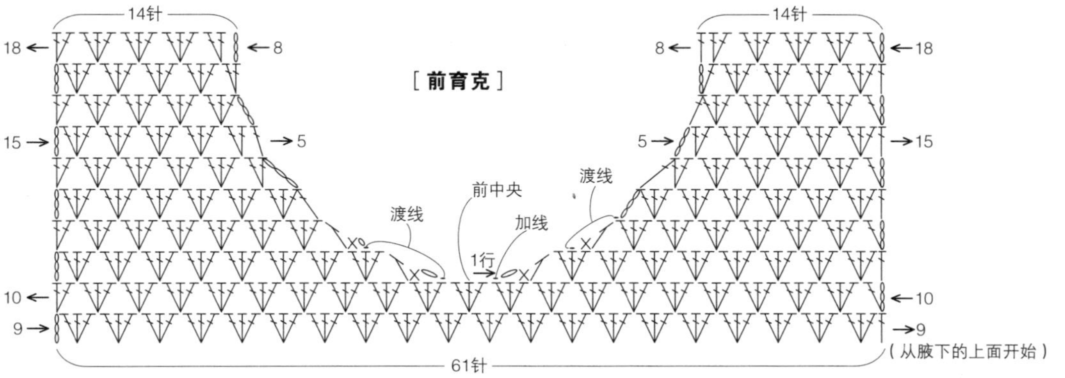

★前、后身片相同方法钩织到第9行

[后育克]

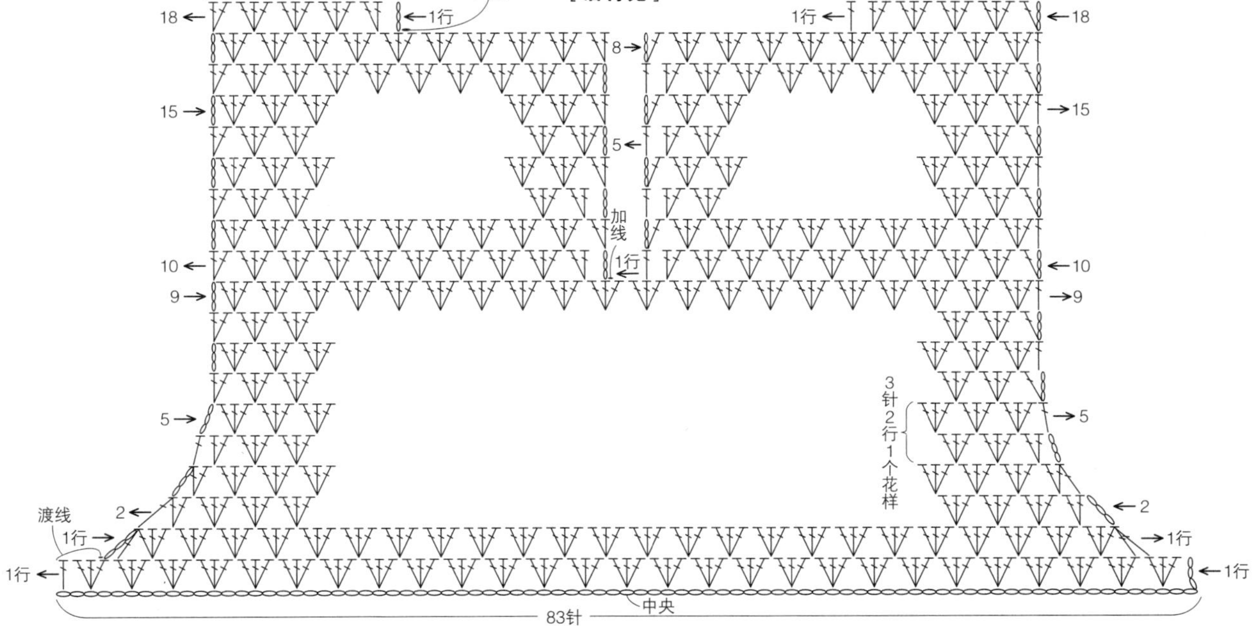

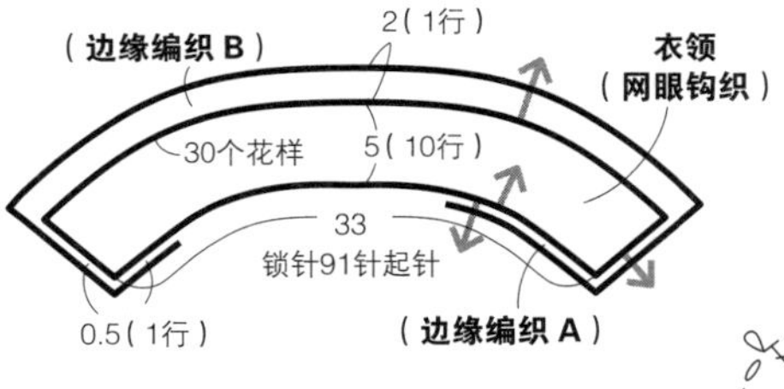

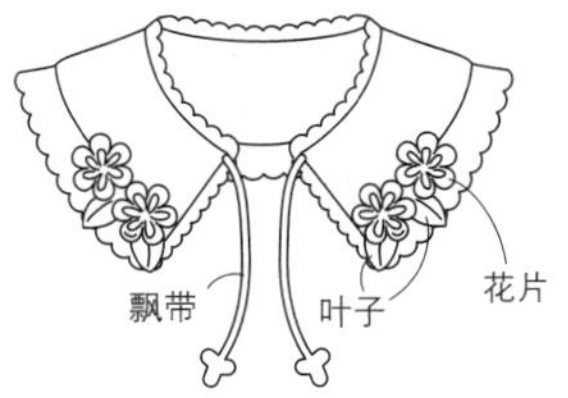

（飘带）2条

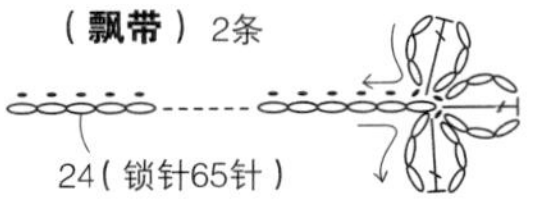

[装饰领]

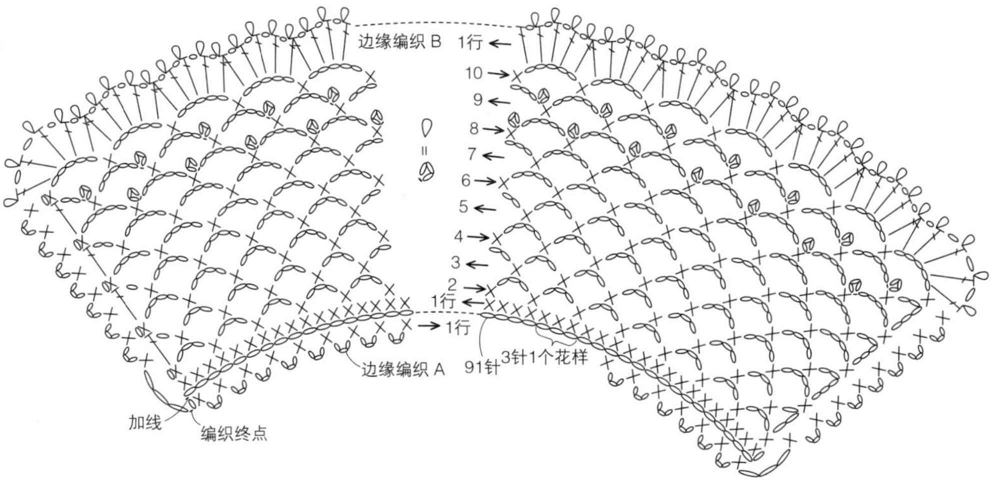

7 七彩花片毛毯 | 10 页

材料

线：和麻纳卡 fair lady50(中粗)桃红色(9)75g、玫红色(93)65g、本白色(2)55g、珊瑚粉色(51)55g、蓝色(55)40g、紫色(87)40g、翡翠绿色(8)30g、嫩绿色(13)30g、紫红色(82)30g

针：6/0号钩针

密度

每枚花片为边长8.5cm的四边形

钩织方法

★用1股线、6/0号钩针钩织

1 如图所示每枚花片由3种色线钩织而成。为使花片图案整洁，配色线每次断线变色时均要把线头埋入同色针目内。

2 从第2枚花片开始，将第4行的海扇形锁针变为引拔针，和相邻花片连接。

3 将81枚花片相连成四边形，周围钩织玫红色边缘编织。

（花片与边缘编织）

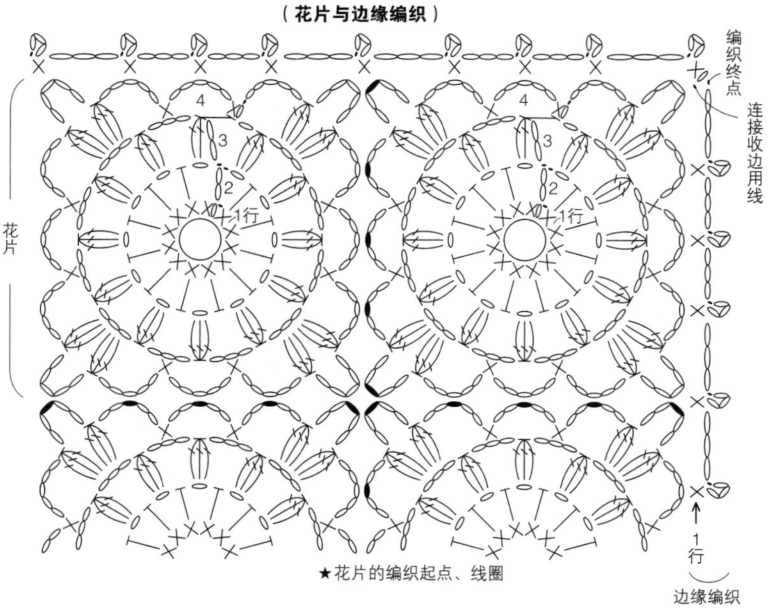

［毛毯］

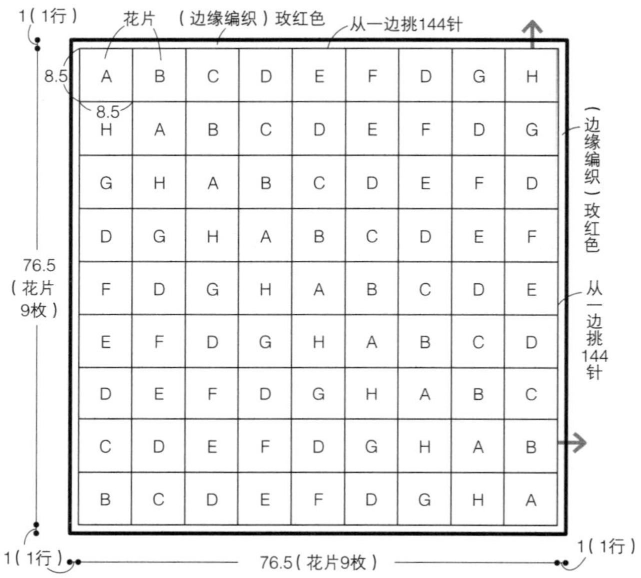

［花片配色］

	1、2行	3行	4行
A	本白色	桃红色	玫红色
B	翡翠绿色	蓝色	紫色
C	紫红色	本白色	珊瑚粉色
D	玫红色	珊瑚粉色	桃红色
E	嫩绿色	翡翠绿色	蓝色
F	本白色	桃红色	紫色
G	桃红色	玫红色	嫩绿色
H	桃红色	紫红色	本白色

★D花片钩织18枚，其他花片均钩织9枚。

19 小花斗篷 | 20 页

材料

线：和麻纳卡 Wash cotton（细）本白色（102）100g、桃红色（115）10g、绿色（108）10g

配件：宽30mm 的发卡

针：3/0号钩针

密度

10cm×10cm 面积内：编织花样32针、15行

钩织方法

★用1股线、3/0号钩针钩织

1 在下摆处起针，编织花样、形状均相同的2枚前后身片。

2 按照编织花样钩织到肩部，之后在肩部、衣领开口处挑针进行短针钩织。

3 前后身片正面相对叠放一起，分别将左右肩部的28个织针做卷针缝，腋下以锁针和引拔针缝合一起。前后下摆做连续短针钩织。

4 领口和袖口处做边缘编织。

5 桃红色线钩织花片。下摆的短针处加饰点缀钩织。绿色线钩织海扇形花边和叶子，用引拔针固定花片。

6 钩织带有花片的飘带，固定在前后身片之上。

7 花片的背面用同种色线固定发卡，装饰头发。

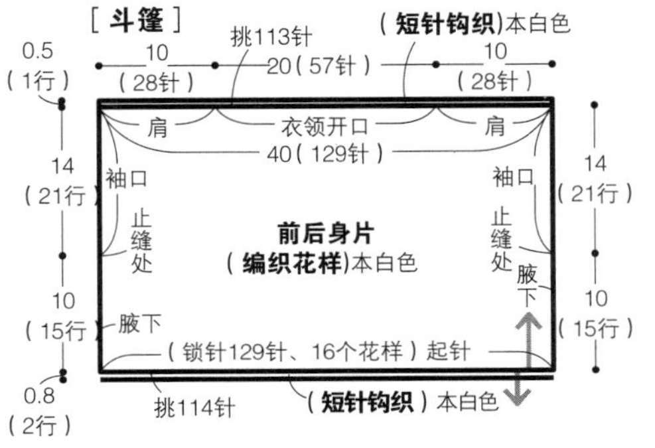

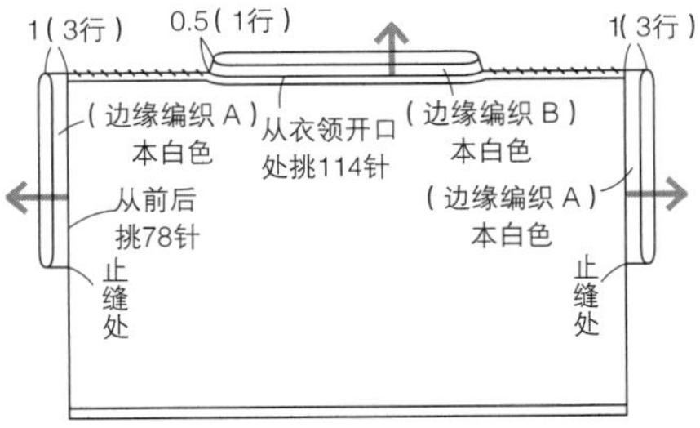

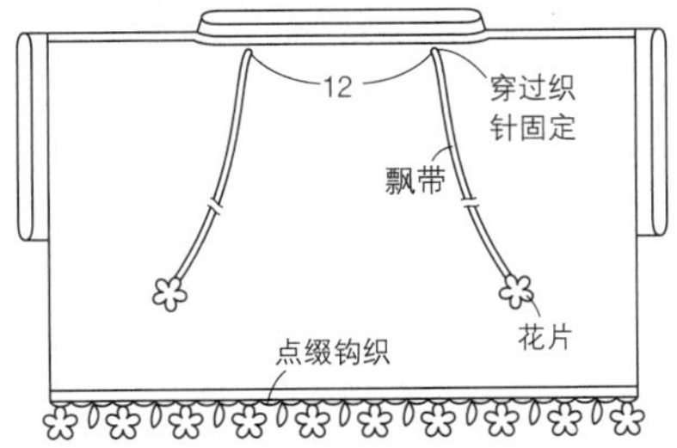

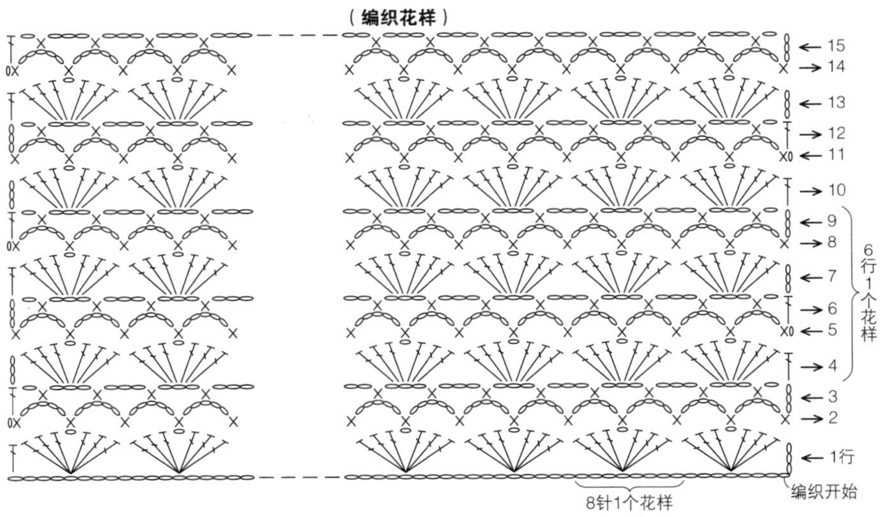

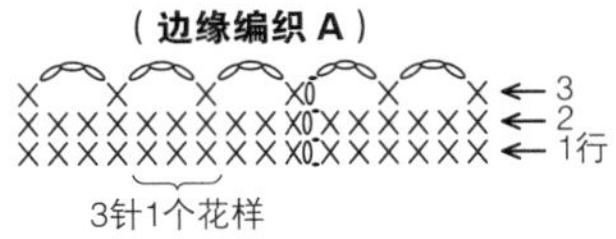

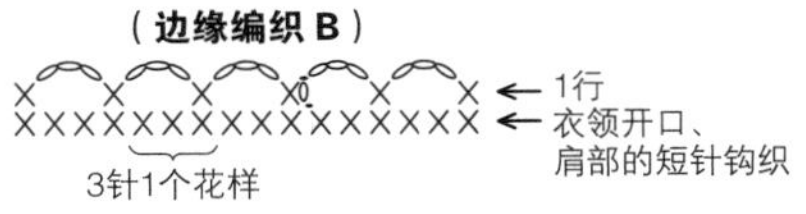

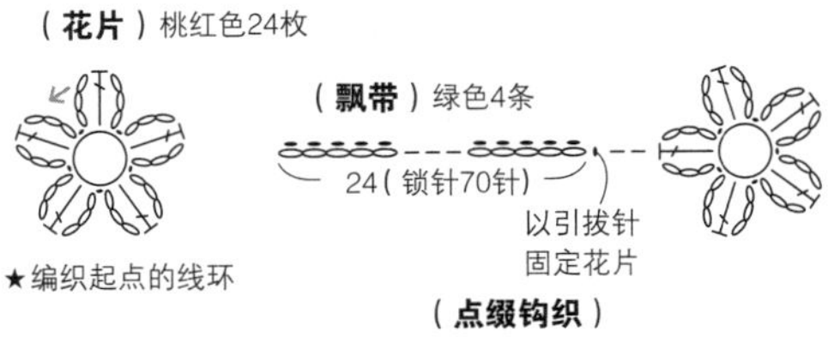

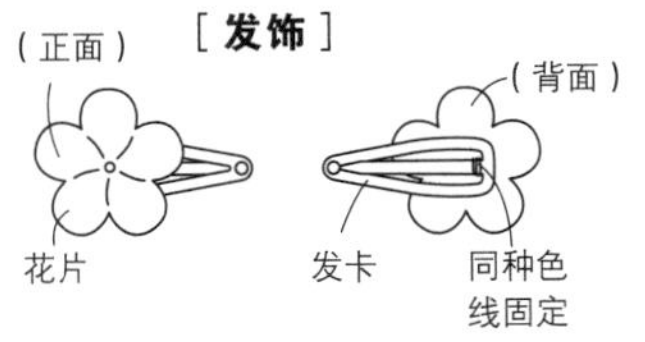

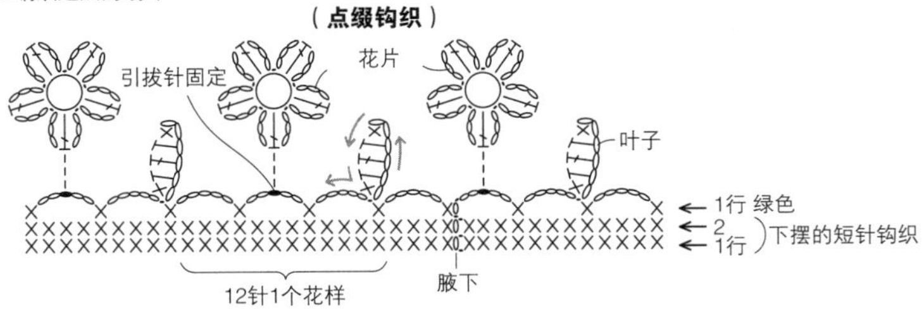

8 泰迪熊毛毯 | 11页

材料

线：和麻纳卡可爱宝贝纯棉（粗）蓝色（4）280g、白色（1）180g、黄色（2）90g，泰迪熊刺绣用线和麻纳卡 Sonomono（粗）淡茶色（2）少许

针：4/0号钩针

密度

花片 A、B 均为边长11cm 的方形

钩织方法

★用1股线、4/0号钩针钩织

1 将49枚花片 A、B 按图示依次连接一起。钩织第1枚花片，从第2枚开始钩织最终行第6行锁针5针的环形时，将中央的1针变为引拔针，固定在相邻的花片上。

2 将泰迪熊贴花片固定在花片 A 上。

3 连接49枚花片 A、B，每4枚花片相连的间隙处织入黄色花片 C。

4 在连成边长77cm 的方形毛毯周边挑针，做边缘编织。

（配色）

（花片 A、B一样）
6　白色
1~5行 蓝色

（花片 C）
黄色

★编织起点的线圈

[毛毯]

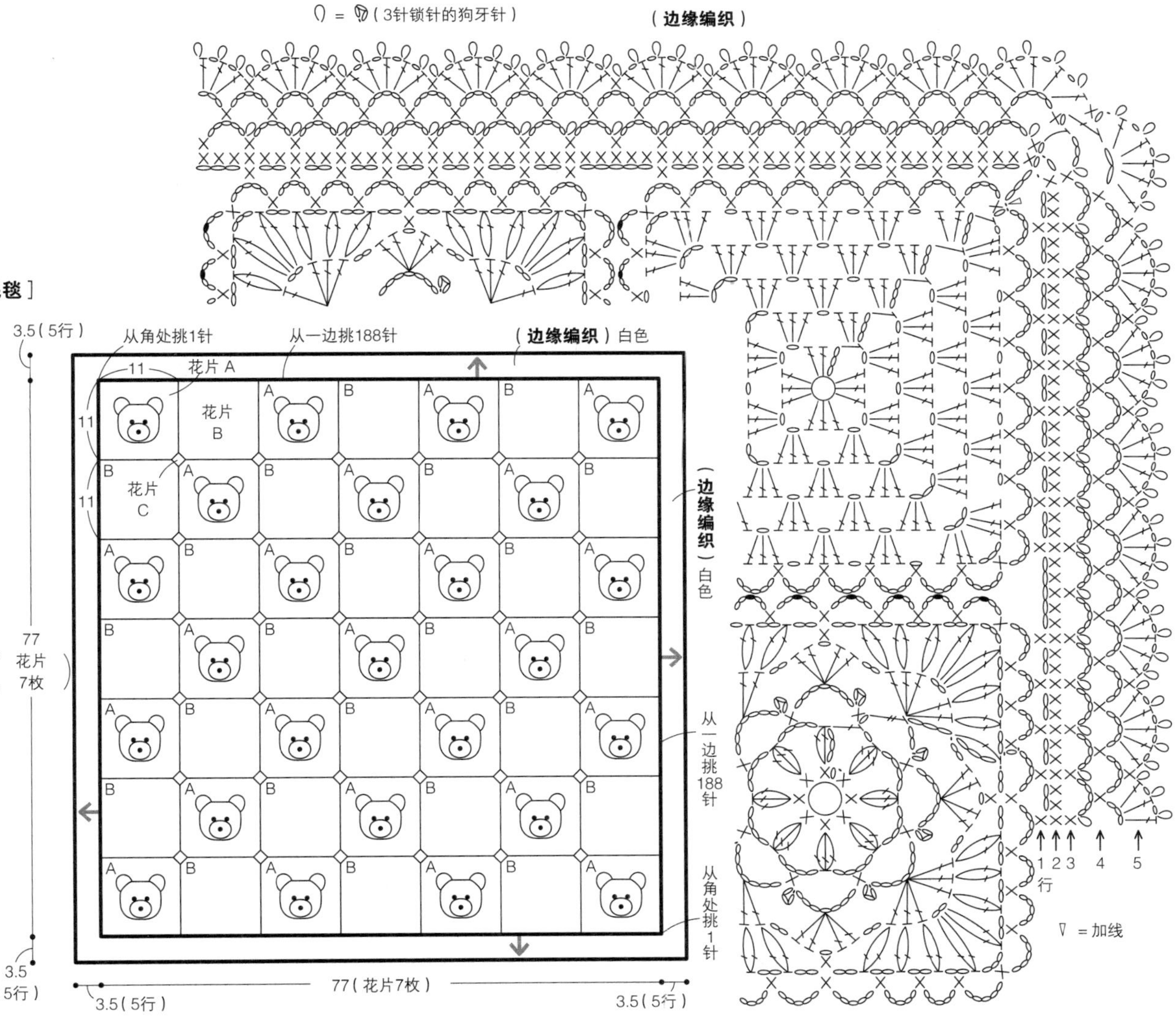

[泰迪熊贴花片]

(脸)

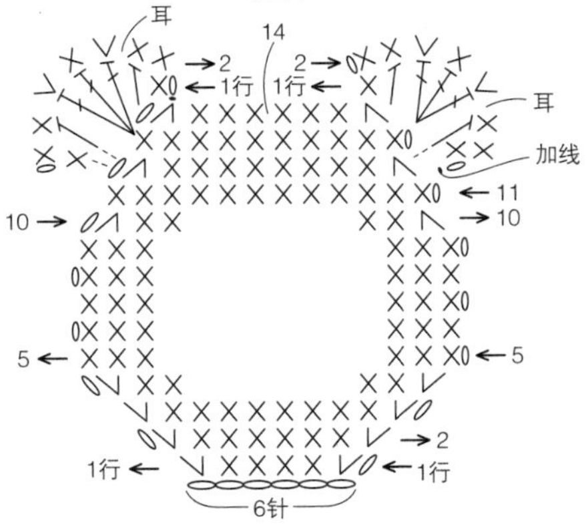

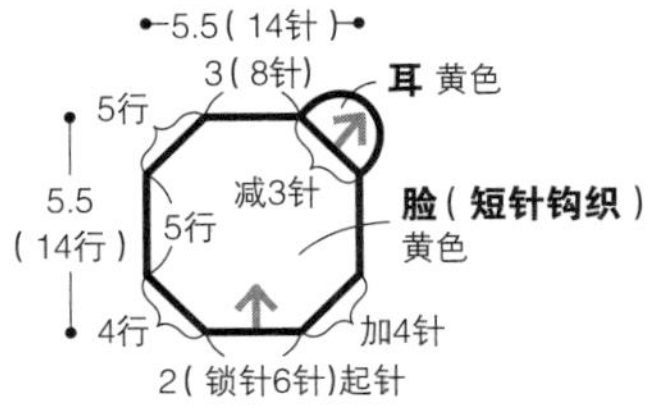

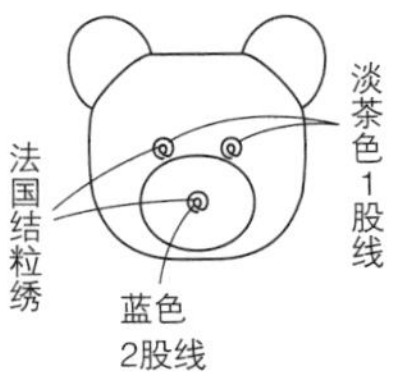

口(短针钩织)白色

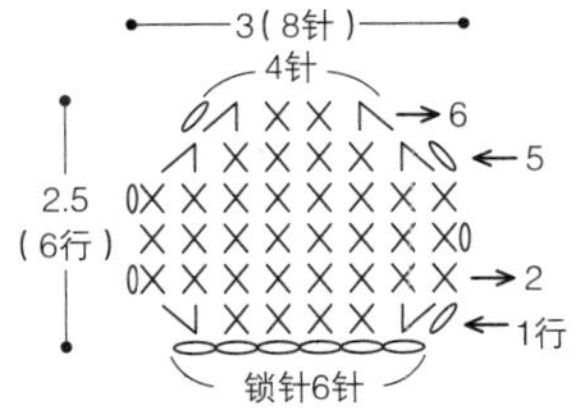

[法国结粒绣]

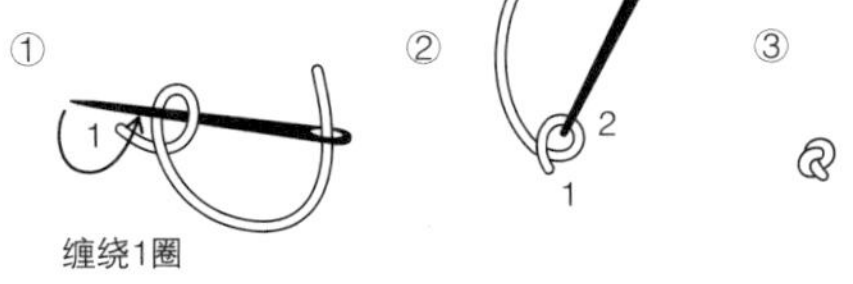

9 无袖长裙 | 12页

材料

线：和麻纳卡 Paume(粗)本白色(11) 140g

针：3/0号钩针

密度

10cm×10cm面积内：编织花样A32针(4个花样)、14.5行，编织花样B28针、16行

钩织方法

★用1股线、3/0号钩针钩织

1 后裙片钩织编织花样A，左前及右前裙片钩织编织花样A时不需加减针。

2 育克由裙片的起针处挑针钩织1行短针，之后钩织编织花样B直到肩部。

3 接缝肩部、钉缝腋下。在左前门襟加线，育克第1行的短针钩织处挑针，连续钩织前后身的织片。

4 领窝、前门襟、袖窿处做边缘编织，在8处装饰飘带。

[长裙]

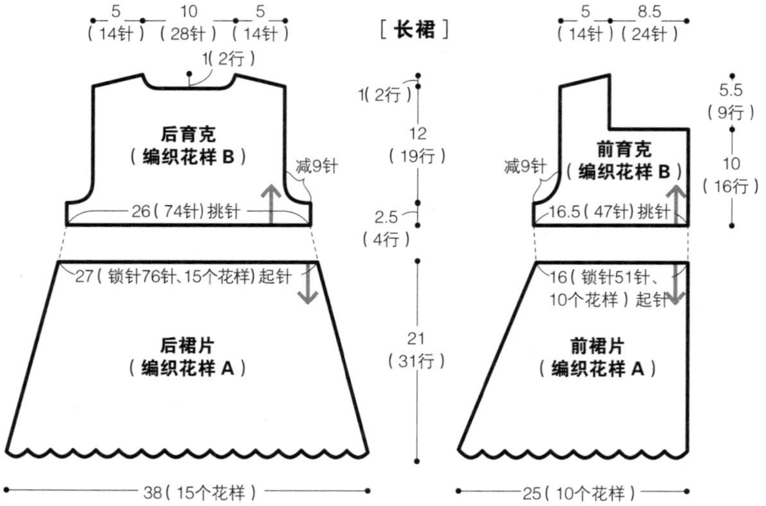

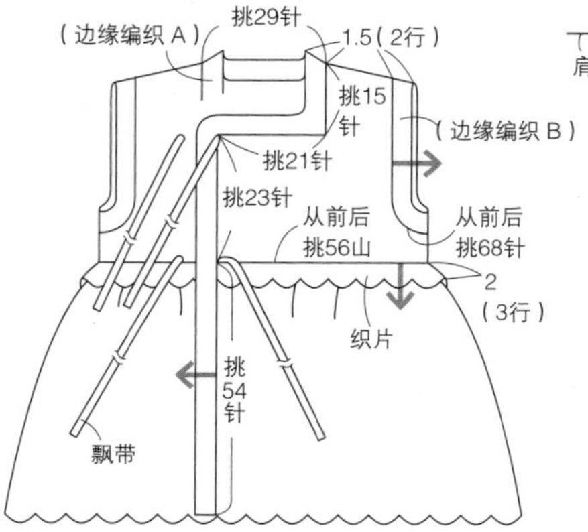

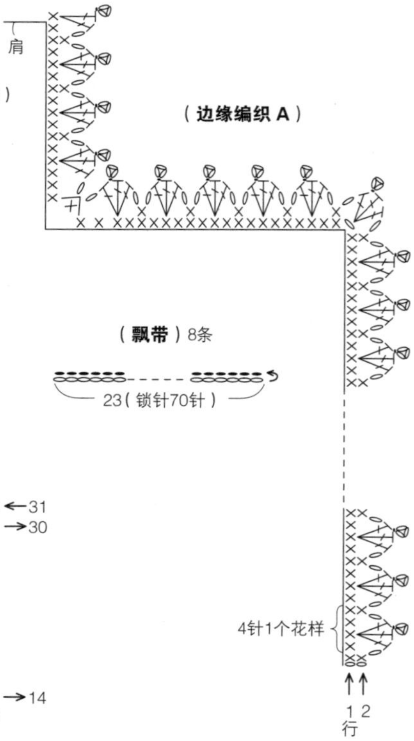

(织片)

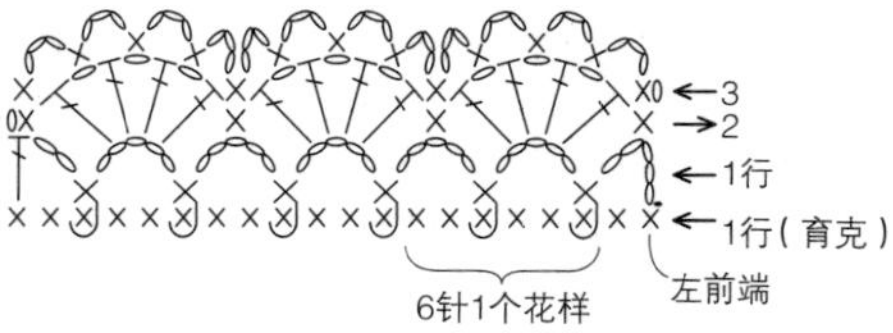

(边缘编织B)

(编织花样A)

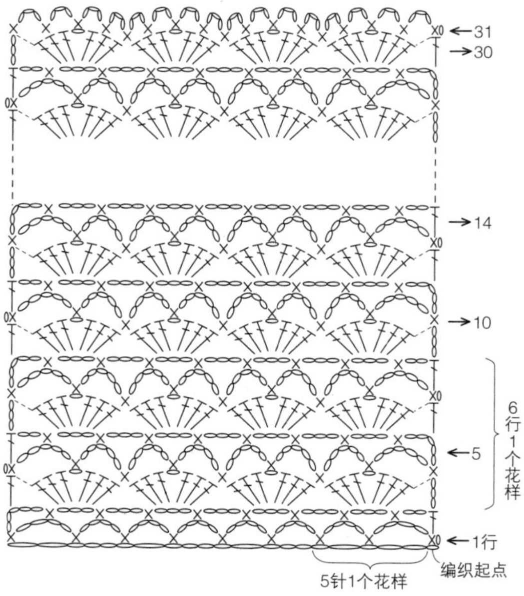

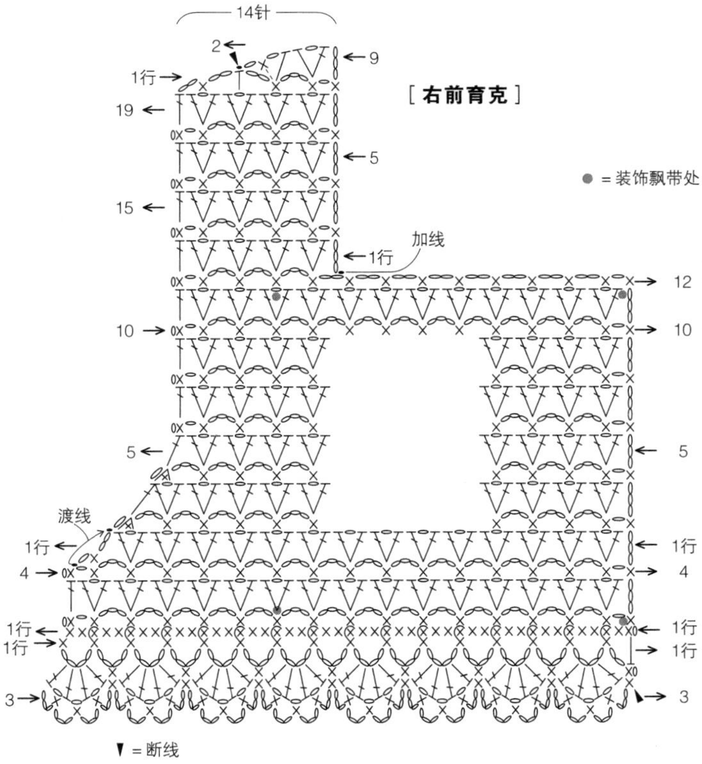
[右前育克]
14针
●=装饰飘带处
加线
渡线
1行
▼=断线

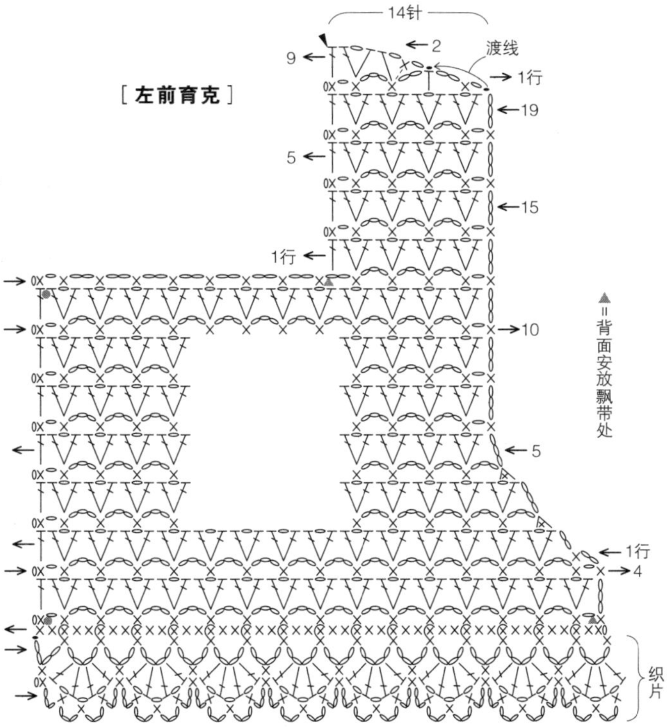
[左前育克]
14针
渡线
1行
▲=背面安放飘带处
织片

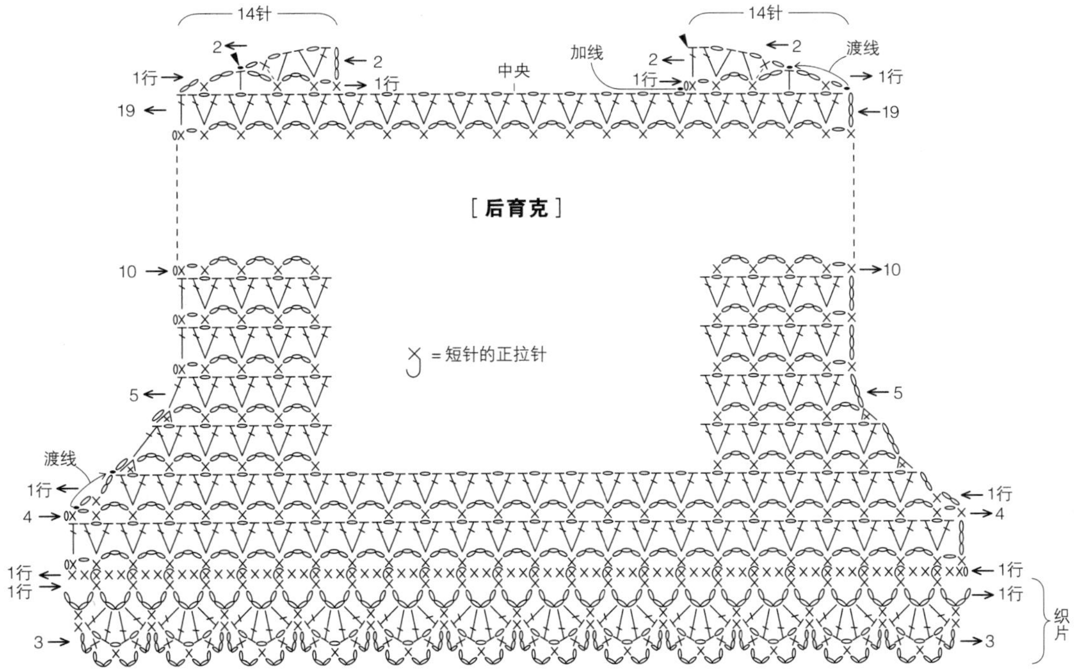
[后育克]
14针
中央
加线
渡线
1行
=短针的正拉针
织片

10 蝴蝶结长背心 | 13 页

材料

线：和麻纳卡丘比特(中细)本白色(6) 90g、桃红色(3)35g

纽扣：宽13mm 心形纽扣5颗

针：4/0号钩针

密度

10cmx10cm 面积内：编织花样 25针、10行

钩织方法

★用1股线、4/0号钩针钩织

1 前、后身片均在下摆处起针，裙子钩织1行编织花样 A 后，从第2行到第7行钩织编织花样 B(长针钩织的本白色底织入桃红色)。桃红色配色线休针时，用本白色底线包裹着渡线到下一个编织花样处。织完7行后变换成编织花样 A，一直织到腰部。

2 育克部分如图所示，从腰部挑针钩织短针，挑针钩织编织花样 C(本白色长针钩织的底上织入桃红色爆米花针)。桃红色配色线用织入相同花样的本白色线包裹着钩织。

3 肩部做卷针缝，腋下做锁针和引拔针的缝合。

4 前门襟端、下摆、领窝处钩织连续配色的边缘编织，领窝处也做边缘编织。

5 前门襟处用桃红色线加缝纽扣。

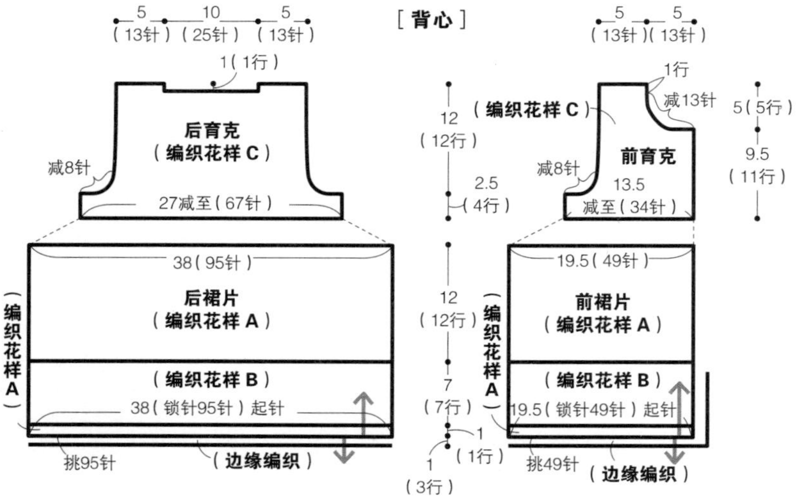

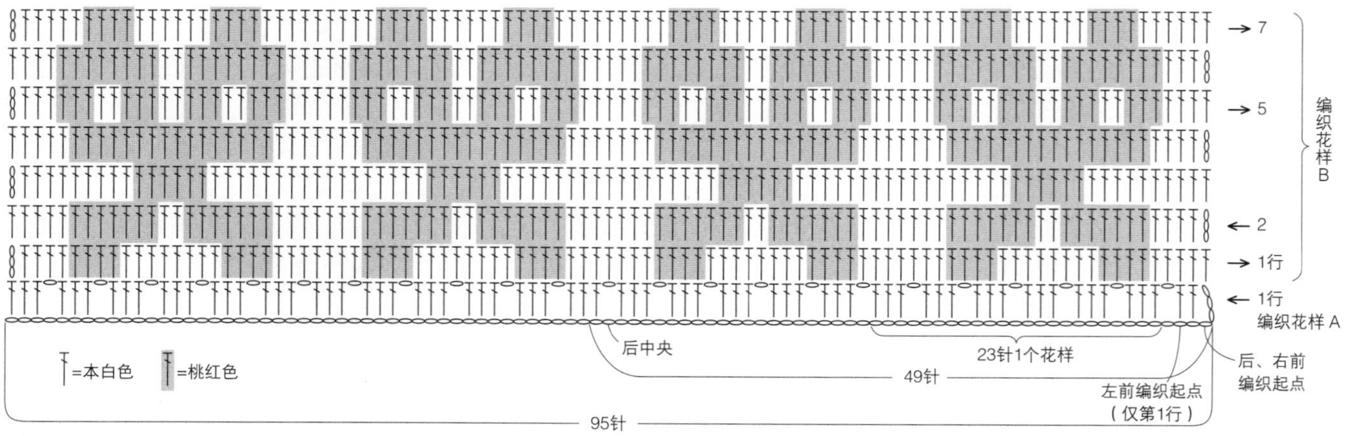

[后育克]

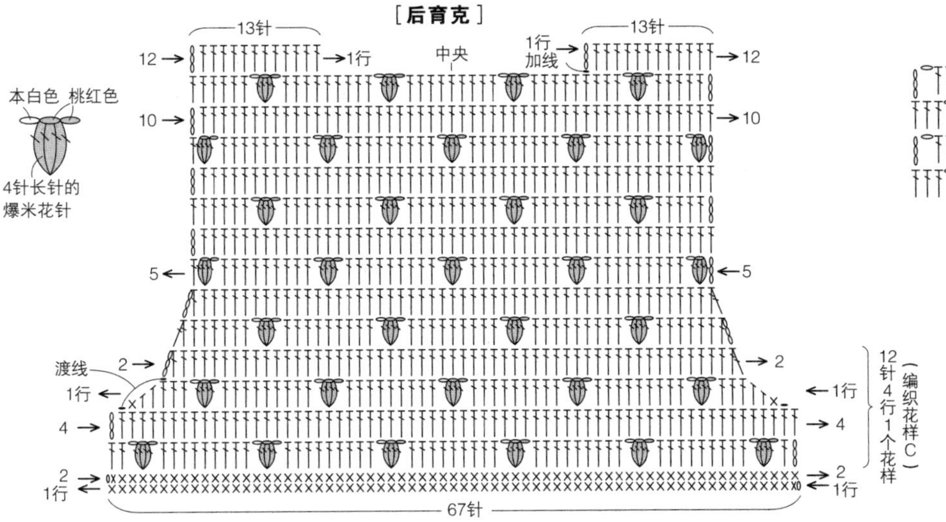

(编织花样 A)

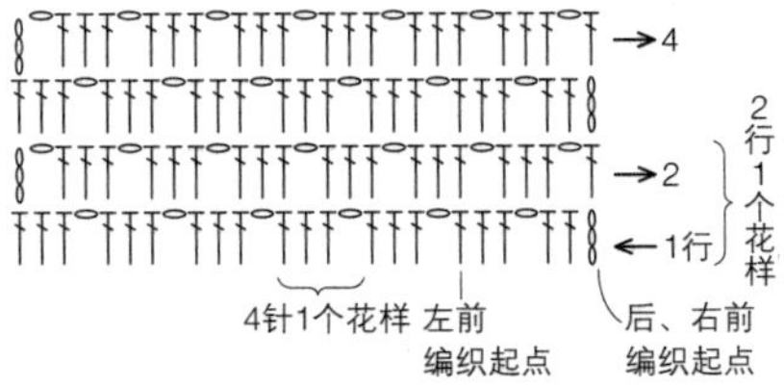

(边缘编织)

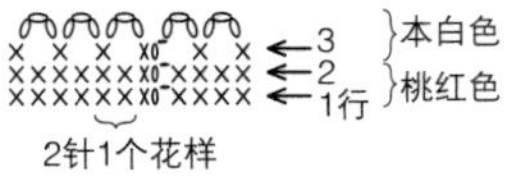

(后育克的挑针)

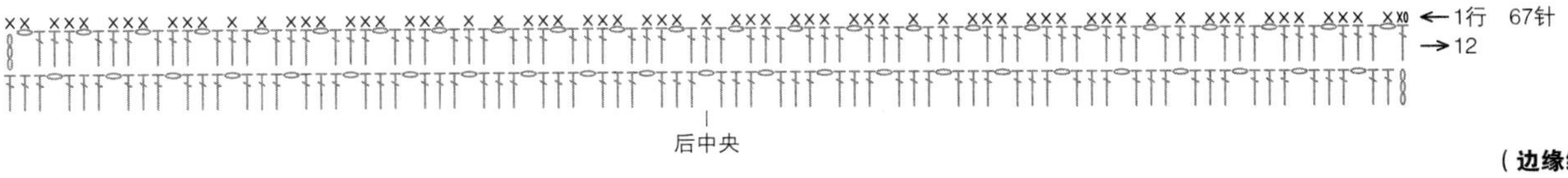

(边缘编织和扣眼)

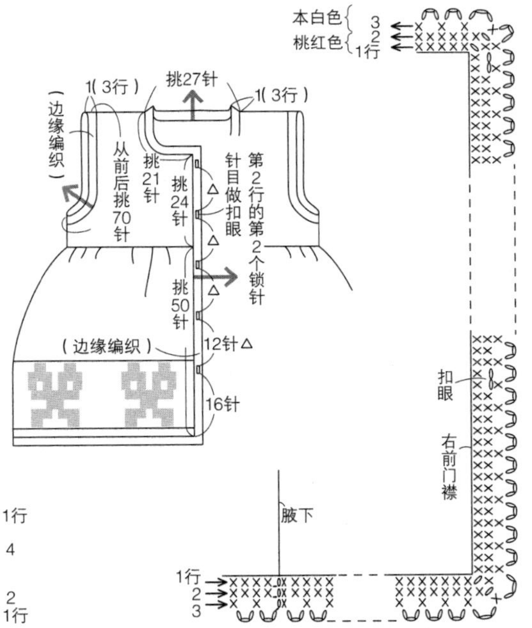

[右前育克]

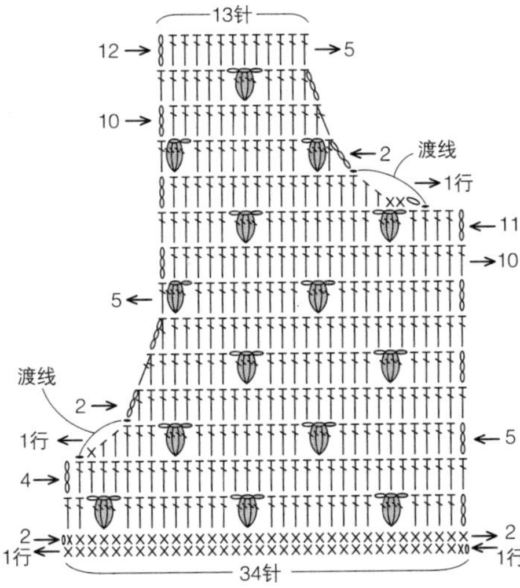

[左前育克]

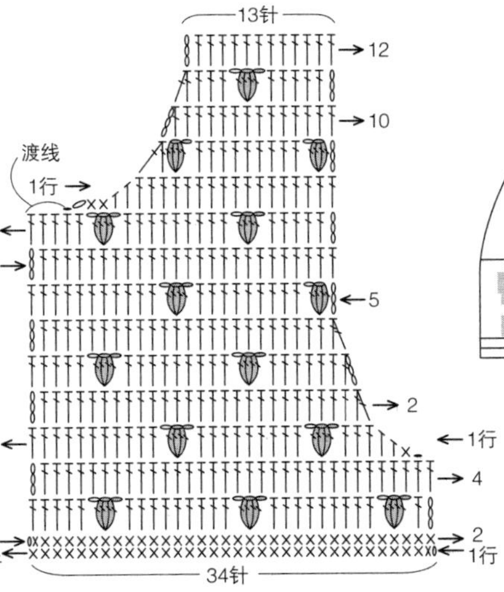

(右前育克的锁针)

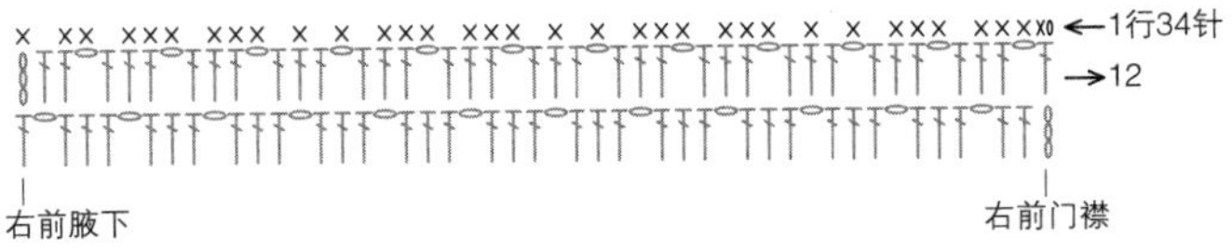

(左前育克的锁针)

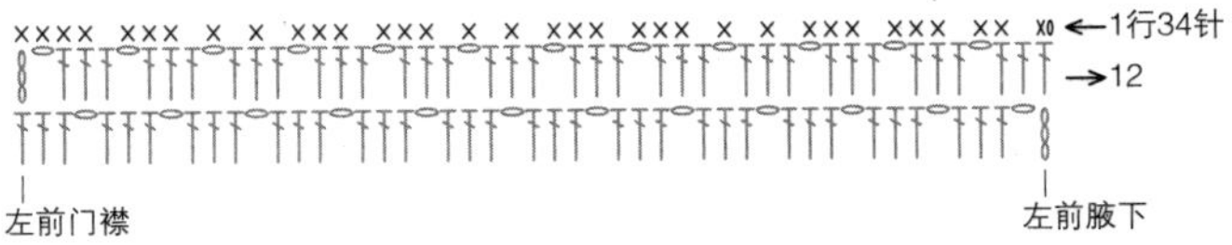

13 护耳帽、14 插肩袖开口毛衣 | 15 页

★护耳帽主体的钩织方法见52页。

材料

线：和麻纳卡可爱宝贝（中粗）本白色（2）200g、淡茶色（25）65g

纽扣：25mm 包扣3颗

10mm 圆形按扣3组

针：5/0号钩针

密度

10cm×10cm 面积内：编织花样 20针、14行

钩织方法

★用1股线、5/0号钩针钩织毛衣、帽子。

开口毛衣

1 身片、衣袖钩织本白色的编织花样。前后身片连续钩织，从下摆开始钩织，如图所示，腋处减针，之后袖窿的插肩线减针钩织到领口处。

2 衣袖也按编织花样钩织，从袖下到插肩线的16行左、右同形钩织，最后2行对称钩织。

3 身片和衣袖的插肩线处做锁针和引拔针的缝合，紧接着袖下、腋下也做锁针和引拔针的缝合。

4 下摆、领窝、前门襟处织淡茶色短针。

5 缝针穿淡茶色线，在前后下摆和袖口处刺绣。

6 在门襟的重叠之处缝按扣，其相应门襟外侧缝包扣。

7 钩织装饰带和装饰扣，并固定在后身片上。

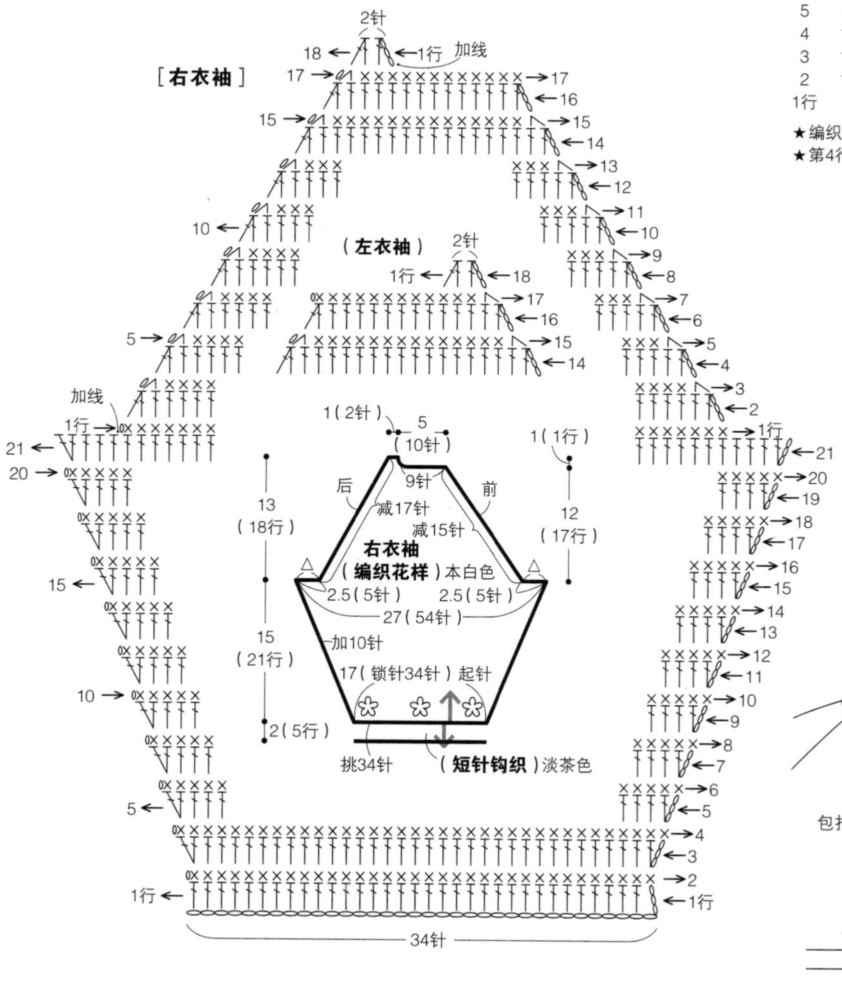

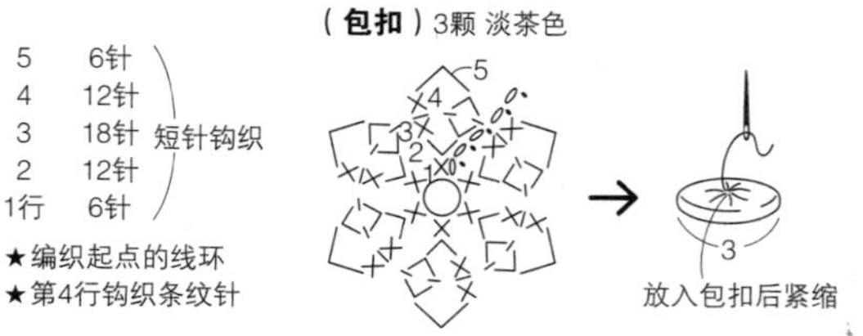

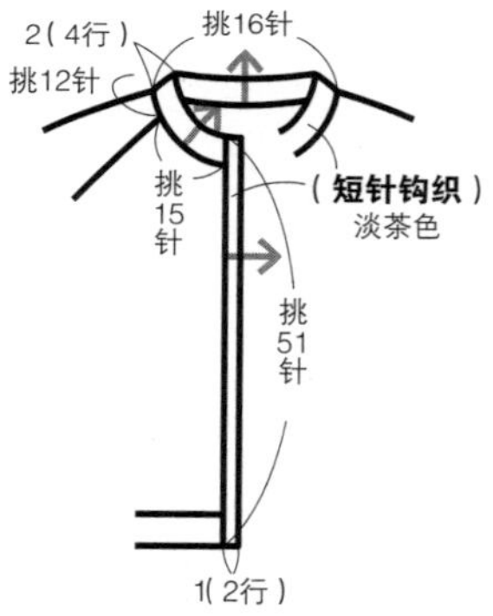

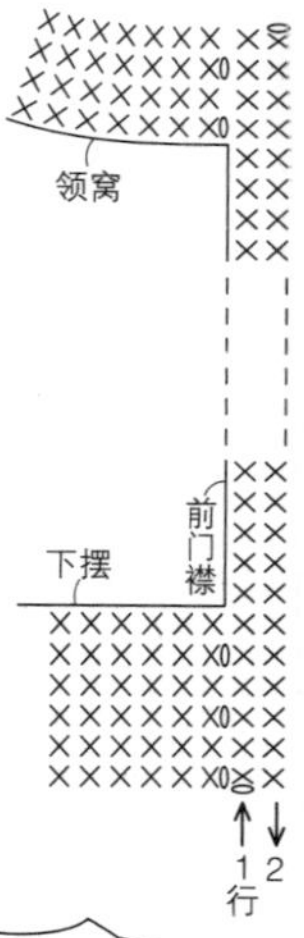

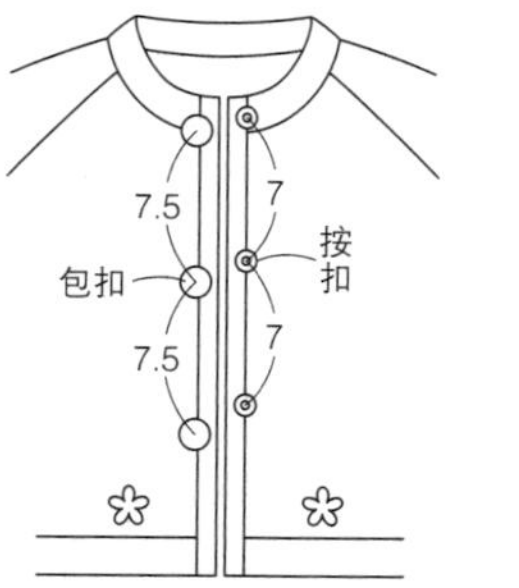

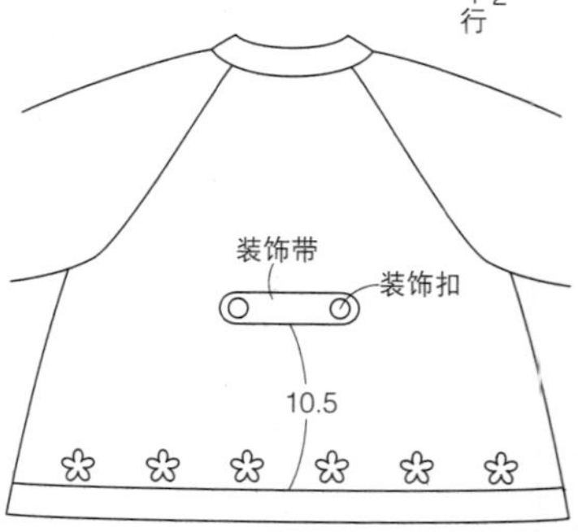

[后身片：从下摆到腋下]

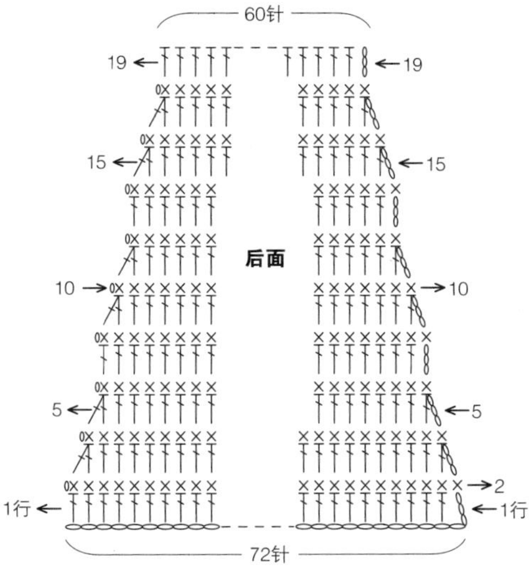

[后身片：从腋部到插肩线]

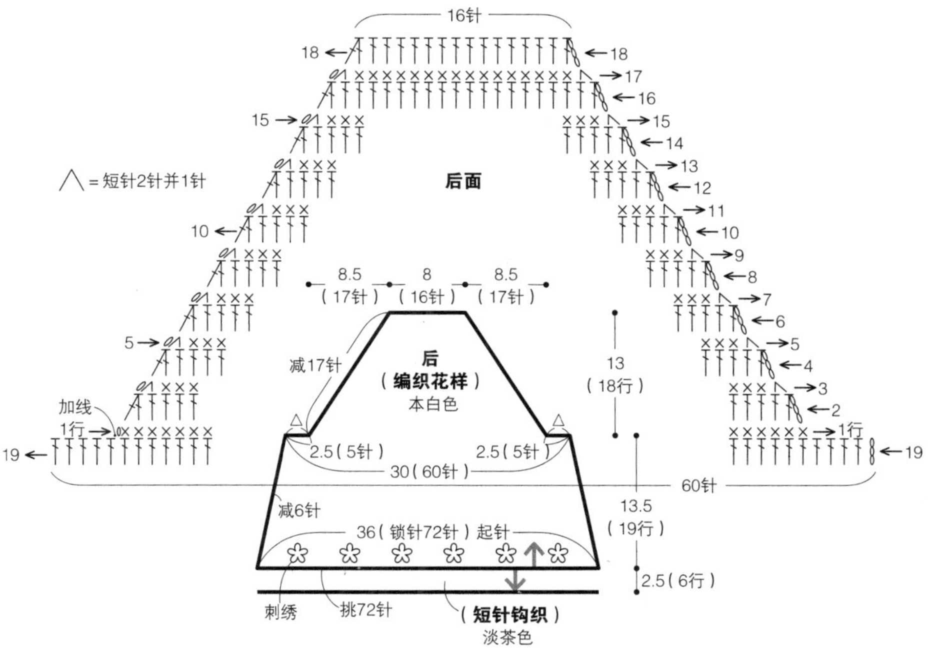

[右前身片]

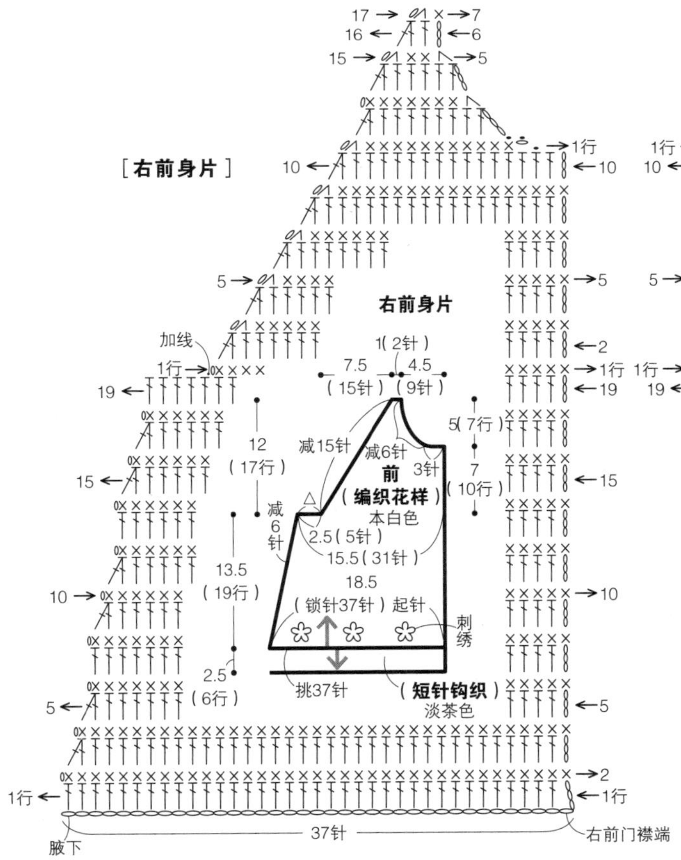

[左前身片]

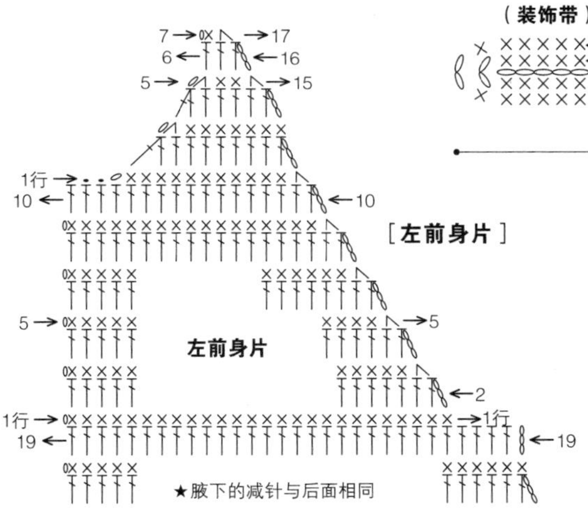

(装饰带) 淡茶色

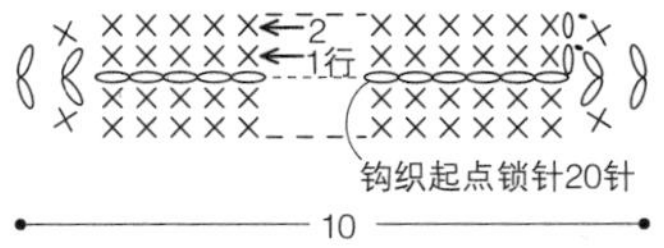

(装饰扣)

2个 淡茶色

行	针数	
3	5针	短针钩织
2	10针	
1行	5针	

★编织起点线圈

(刺绣)

雏菊绣

淡茶色 1股线

[雏菊绣]

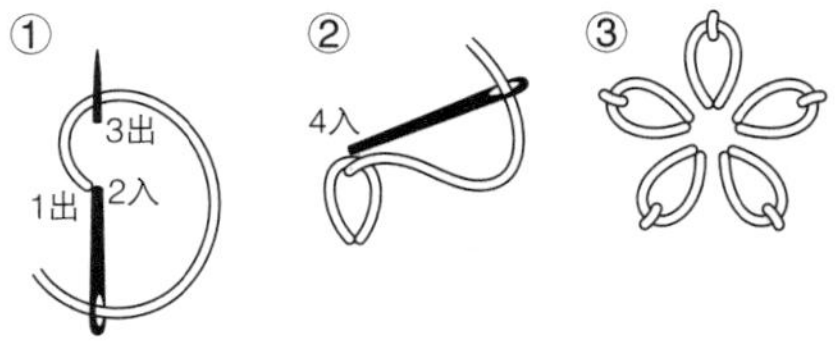

13 护耳帽 | 15 页

★材料见50页。

1 根据头围大小起针，钩织和开口毛衣相同的花样。

2 8行以后分别在9处减针，最后将织线穿入余下的9个针目，并紧缩。

3 头围处用淡茶色线进行短针钩织，左右两侧分别钩织带飘带的护耳。

4 飘带的一端加饰绒球，帽顶加饰毛线绒球，并如图所示做刺绣。

[帽子]

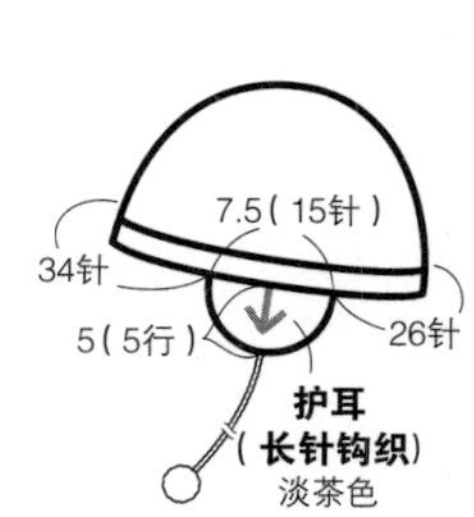

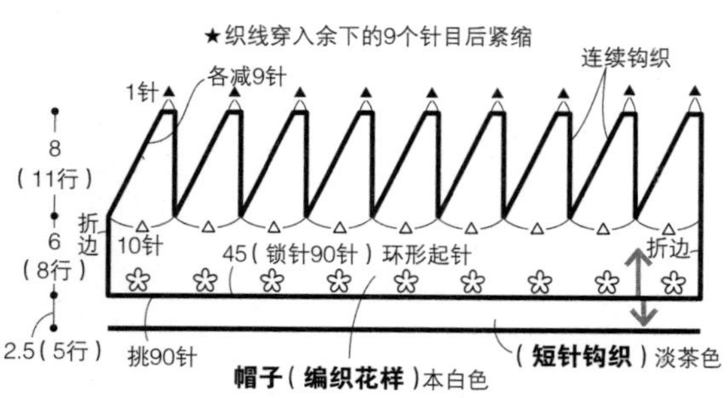

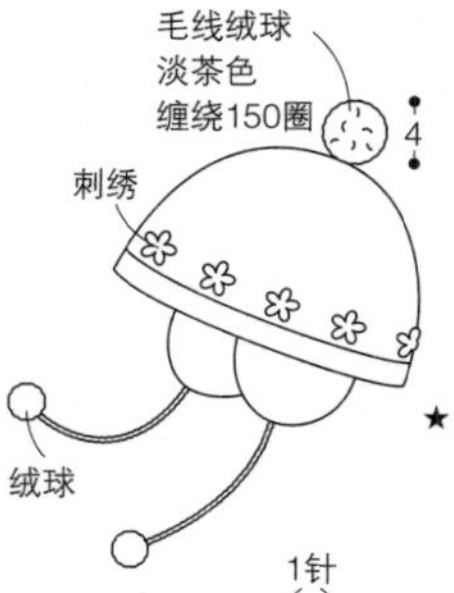

（绒球）淡茶色 2个

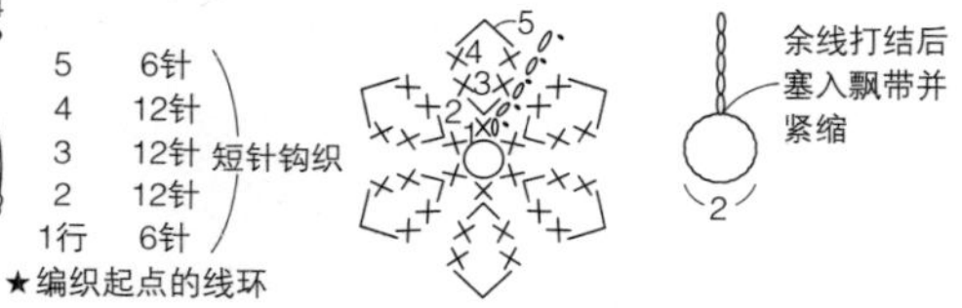

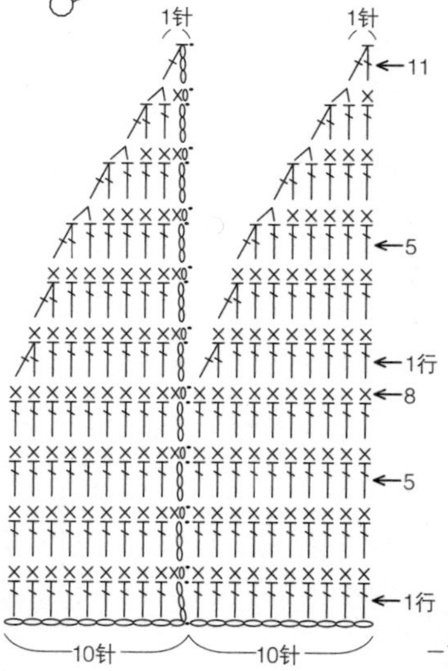

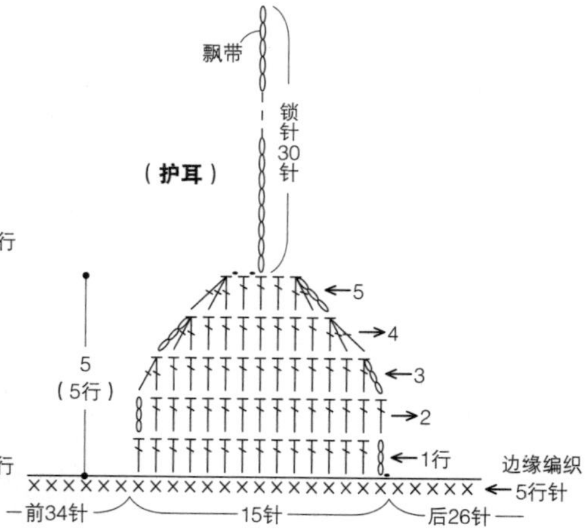

17 泰迪熊背心 | 18 页

材料

线：和麻纳卡 Dennis(中粗)蓝色(47) 80g、本白色(2)30g、灰色(34)20g

纽扣：10mm 黑色圆形2颗

针：5/0号钩针

密度

10cmx10cm 面积内：编织花样20针、11行

钩织方法

★用1股线、5/0号钩针钩织背心和泰迪熊花片。

1 前后身片连续钩织编织花样。

2 身片的下摆处做边缘编织，接缝肩部并在袖窿处做边缘编织。

3 后开口进行短针钩织，并将系带固定于4个地方。

4 钩织泰迪熊花片，装饰好熊脸上的配件后，将其缝于前身片上，熊掌缝于后身片。

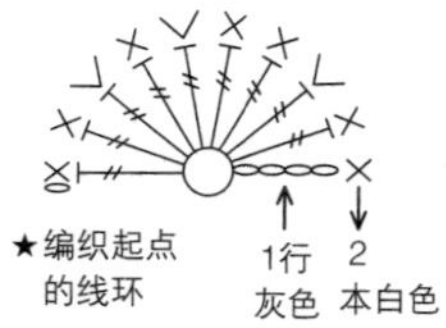

（耳）2枚

（脸）本白色 1枚

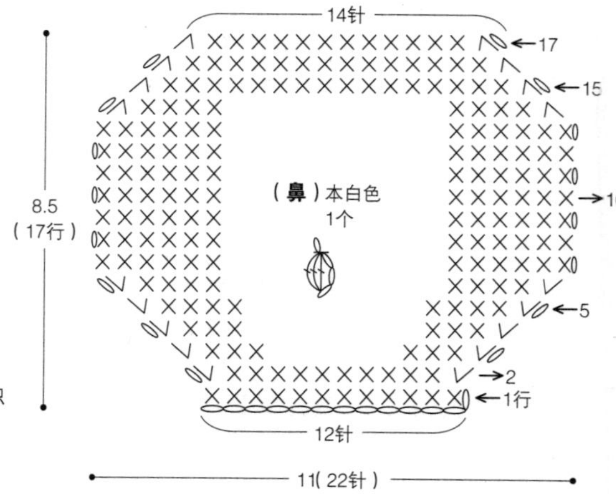

[背心]

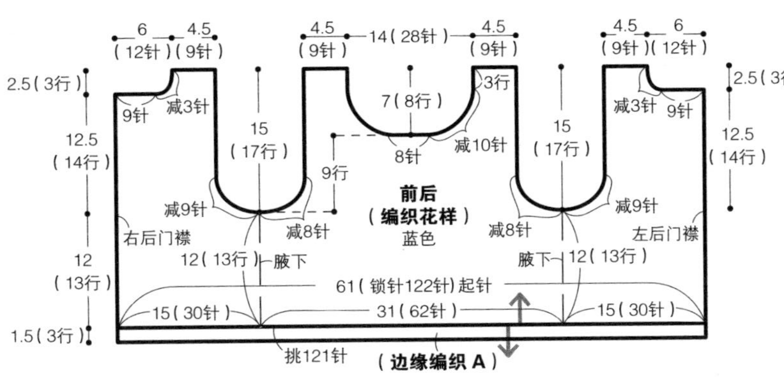

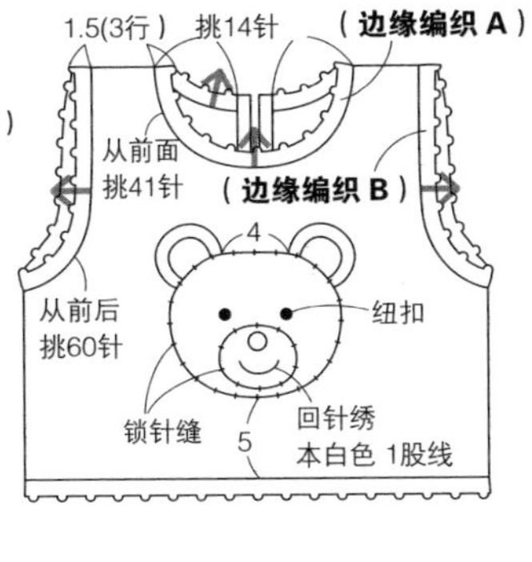

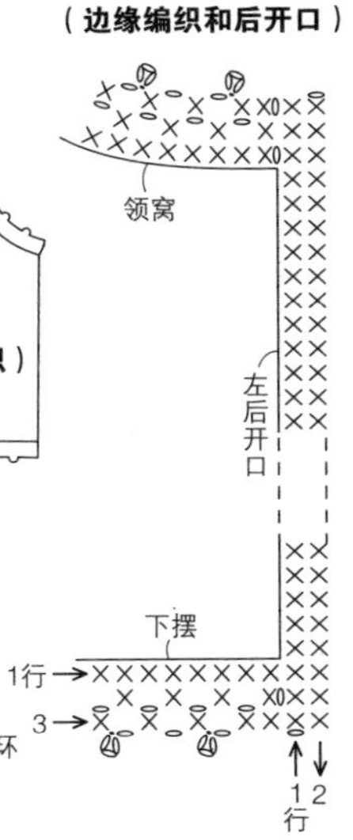

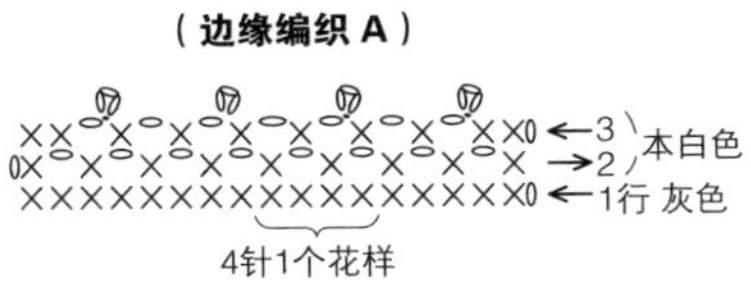

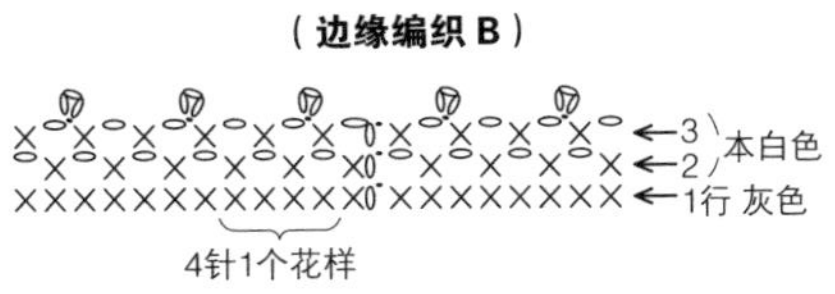

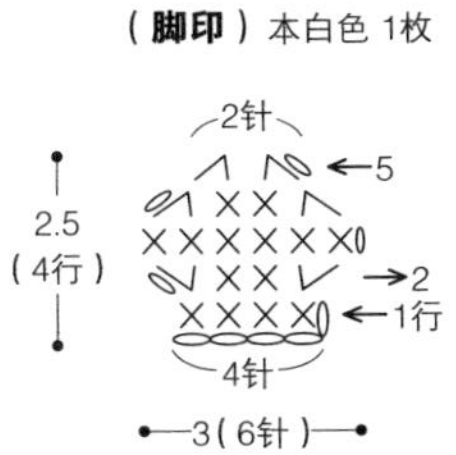

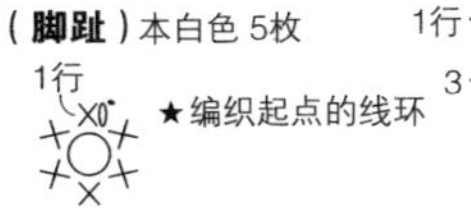

∧ = 短针2针并1针

∨ = 在前1行的1针上钩织2针短针

[前后身片]

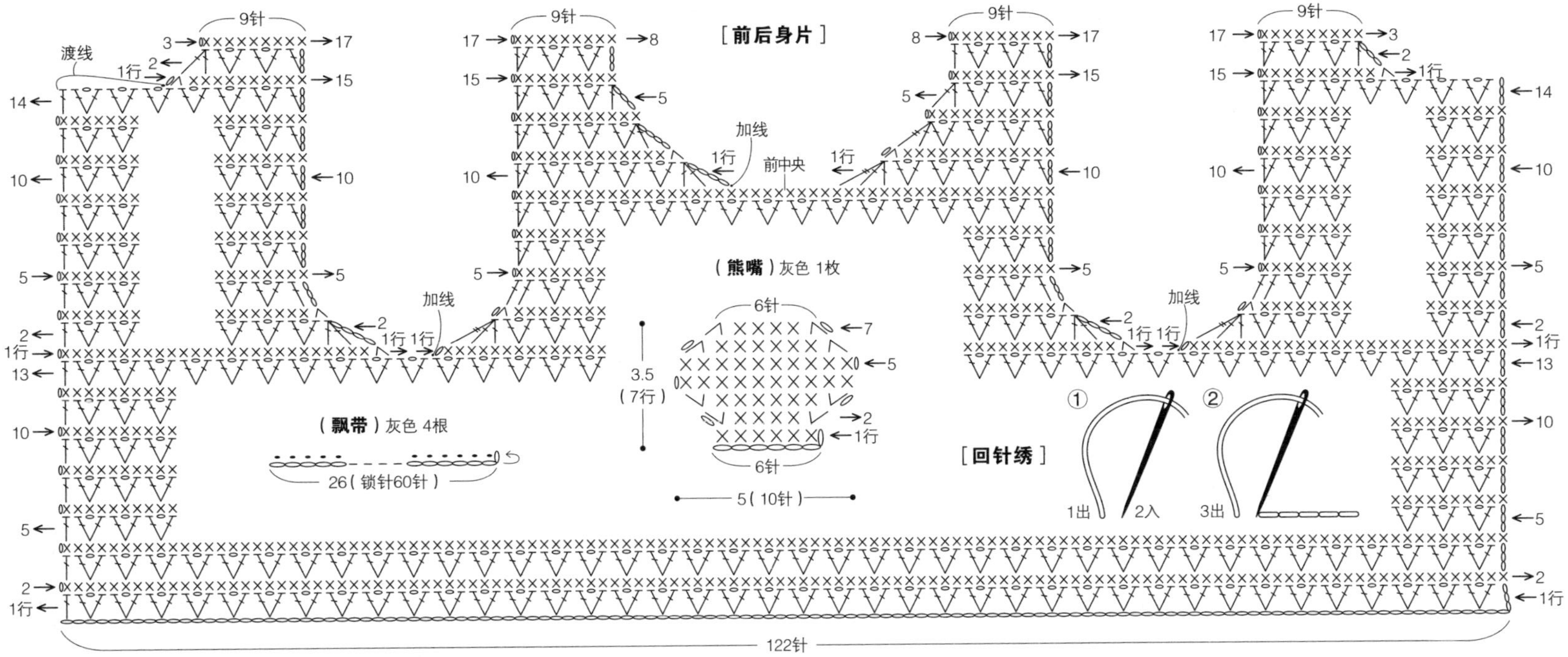

15 小兔披风 | 16页

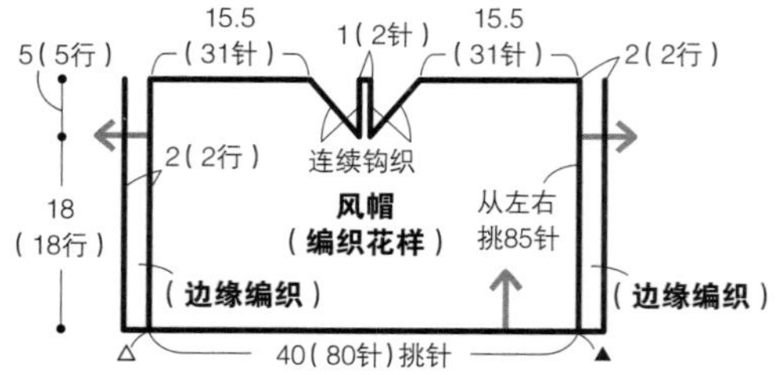

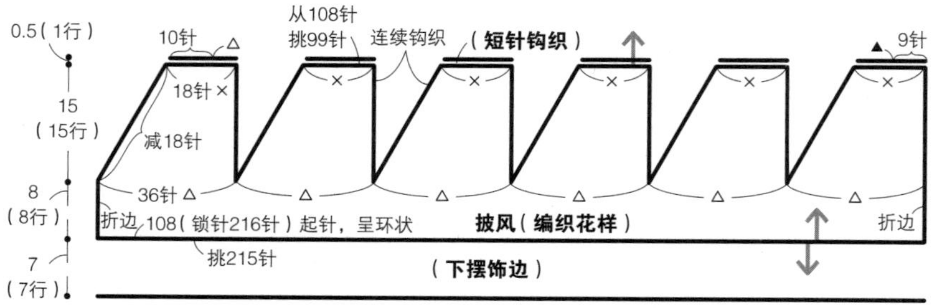

材料

线：和麻纳卡 Fair Lady50（中粗）本白色（2）240g、桃红色（2）35g、鲑肉色（74）20g、玫红色（93）20g

纽扣：10mm 黑色圆形2颗

针：5/0号钩针

密度

10cmx10cm 面积内：编织花样20针、10行

钩织方法

★用1股线、5/0号钩针钩织，整体使用本白色，耳朵和饰边用配色线。

1 披风从下摆起针，前后连续钩织编织花样。8行以后分别在6处减针织成披风的形状。

2 领窝处整体挑针钩织1行99针的短针。

3 领窝继续钩织短针，其中19针预留钩织前领窝，另外80针钩织风帽的花样。帽顶处如图所示进行减针。

4 下摆处做边缘编织，风帽的脸周做边缘编织。

5 钩织耳朵并缝于风帽上。

6 钩织飘带，如图从披风穿过后在端头加饰剪线绒球。

耳朵（长针钩织）桃红色 本白色 各2枚

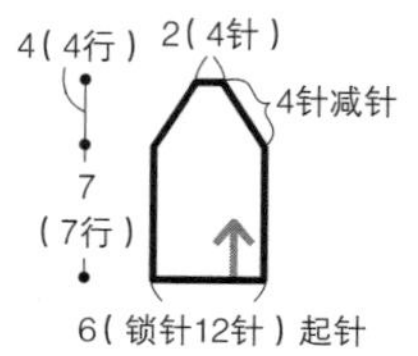

（下摆饰边）

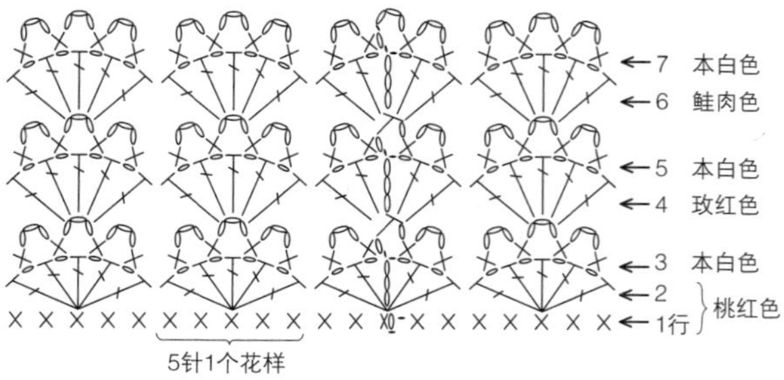

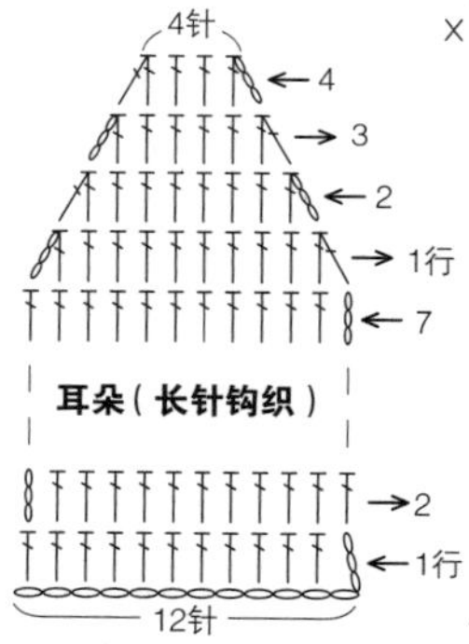

（边缘编织）

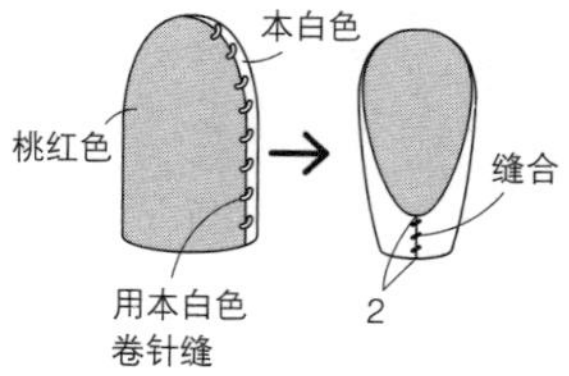

（飘带）1条 本白色

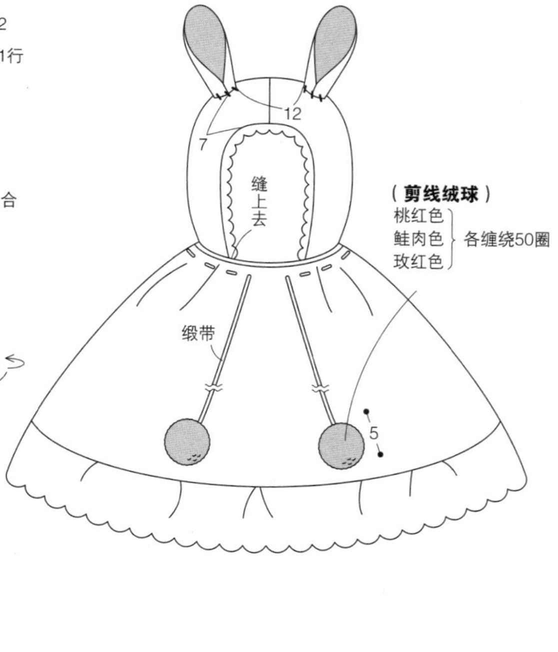

[**风帽**]

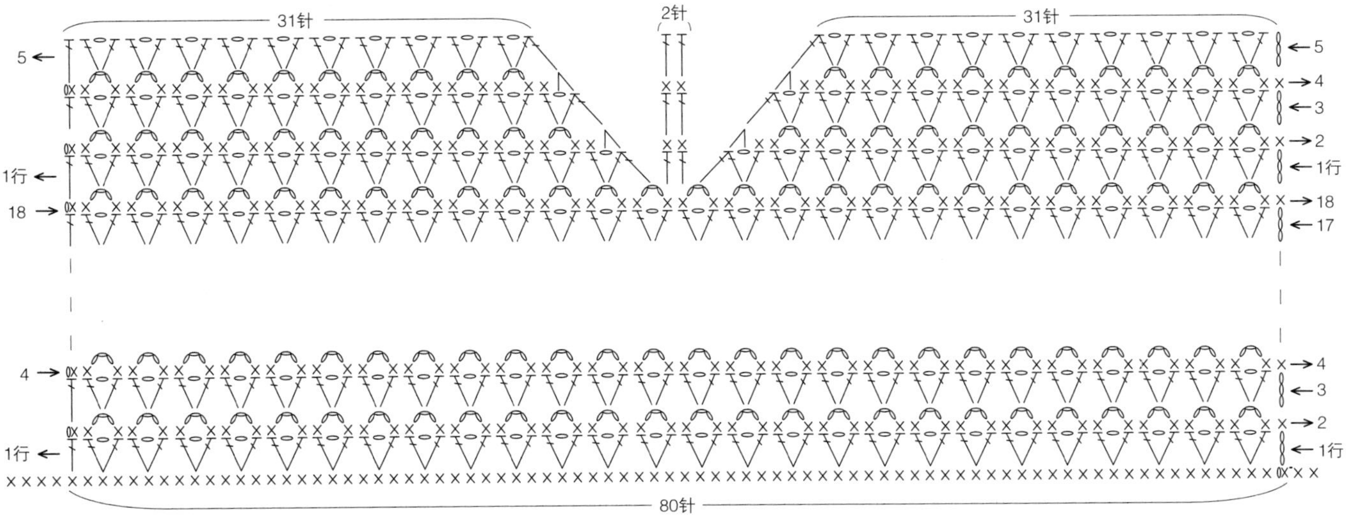
31针
2针
31针
5
4
3
2
1行
18
17
1行
18
4
4
3
2
1行
1行
80针

[**披风**]

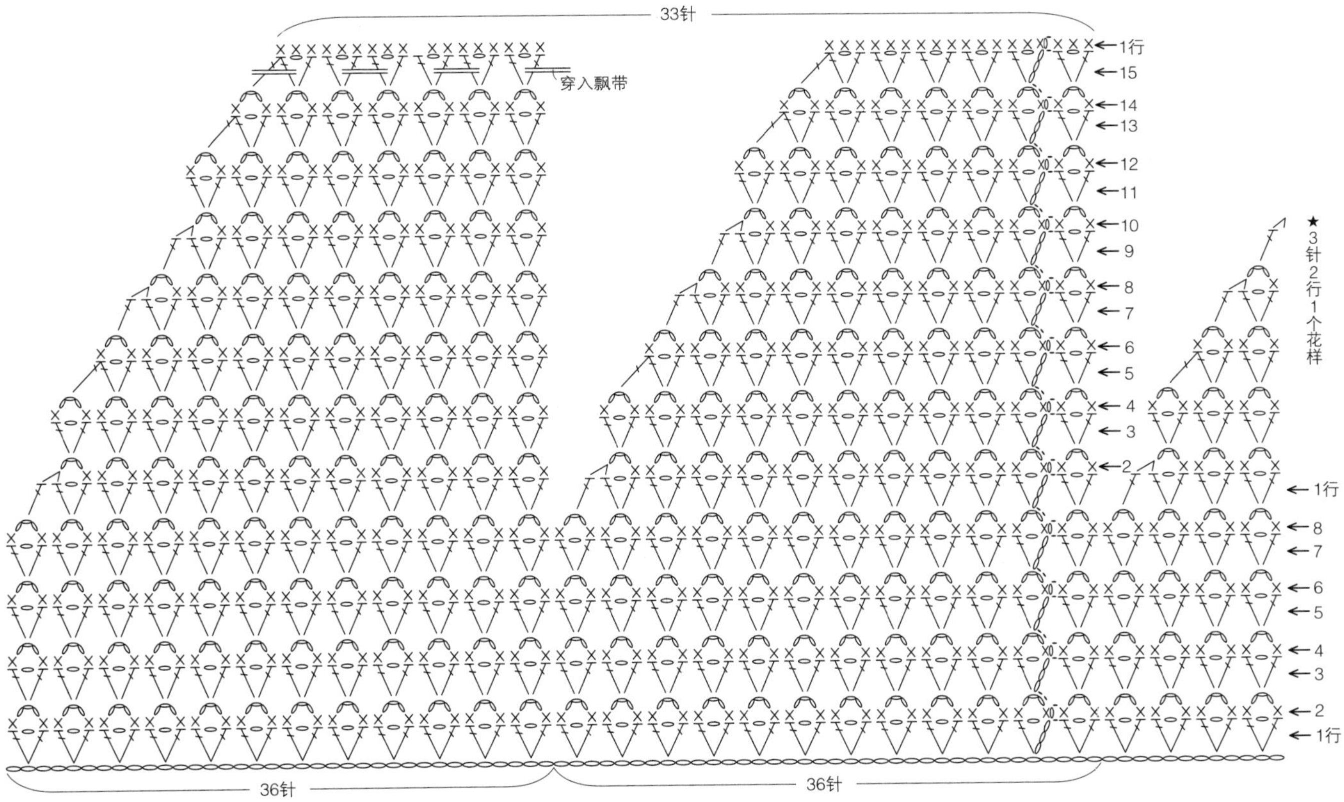
33针
穿入飘带
1行
15
14
13
12
11
10
9
8
7
6
5
4
3
2
★3针2行1个花样
1行
8
7
6
5
4
3
2
1行
36针
36针

16 小熊披风 | 17页

材料

线：和麻纳卡可爱宝贝(中粗)本白色(2)240g、和麻纳卡 Furish(极粗丝线)驼色(2)75g

纽扣：10mm 圆形按扣3组

针：5/0、8/0号钩针

密度

10cmx10cm 面积内：编织花样19针、9行

钩织方法

★用1股线、5/0号钩针钩织本白色，8/0号钩针钩织驼色丝线。

1 在披风的下摆起针，钩织编织花样 A、B。从肩部将针目平均分为6组，在每组两侧减针钩织直至领窝。

2 从披风的领窝钩织风帽。帽顶处减针钩织，依缝合标记缝合。

3 从下摆的起针边放针边挑针用驼色线钩织长针，披风的前门襟、风帽周边也做长针钩织。

4 门襟上用缝衣针缝上按扣，再在外门襟上缝上装饰扣。

5 钩织小熊耳朵和爱心花片，将熊耳缝于风帽上、爱心织片缝于披肩下摆处。

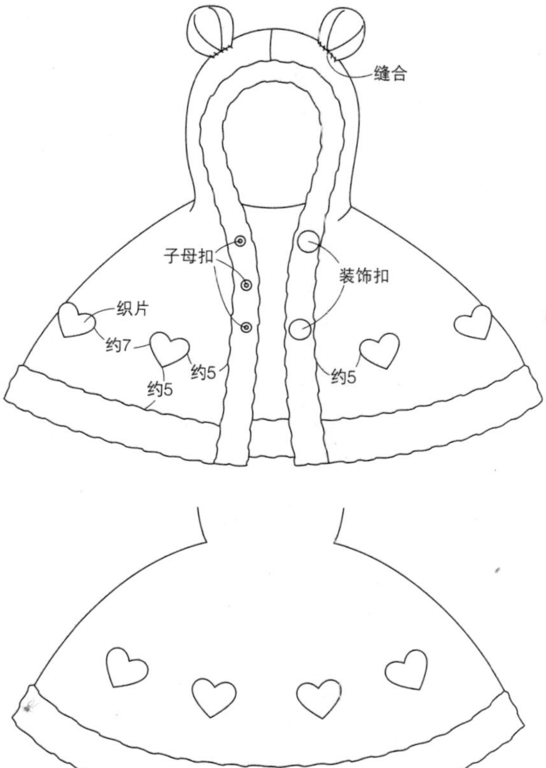

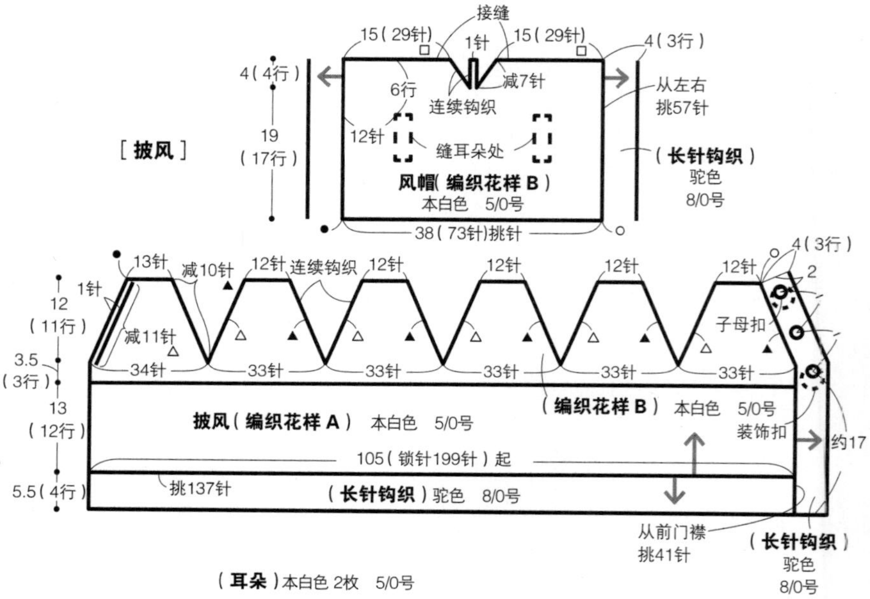

(耳朵)本白色 2枚 5/0号

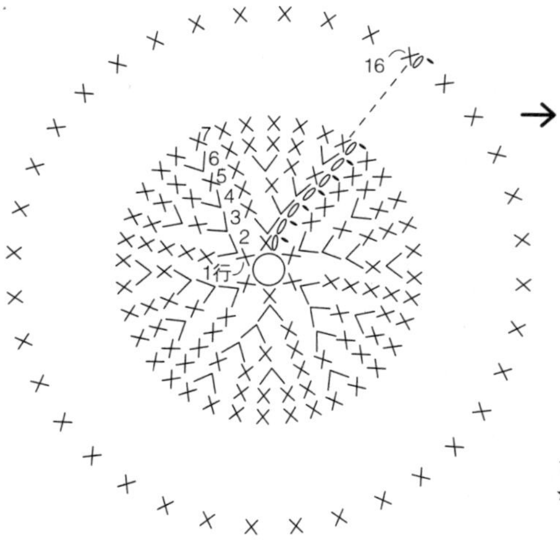

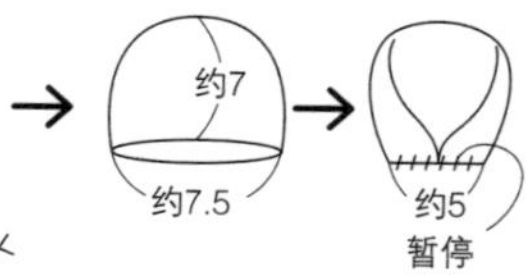

16	36针	(短针钩织)
⋮	⋮	
6	36针	
5	30针	
4	24针	
3	18针	
2	12针	
1行	6针	

★编织起点的线环

[风帽的编织花样和减针]

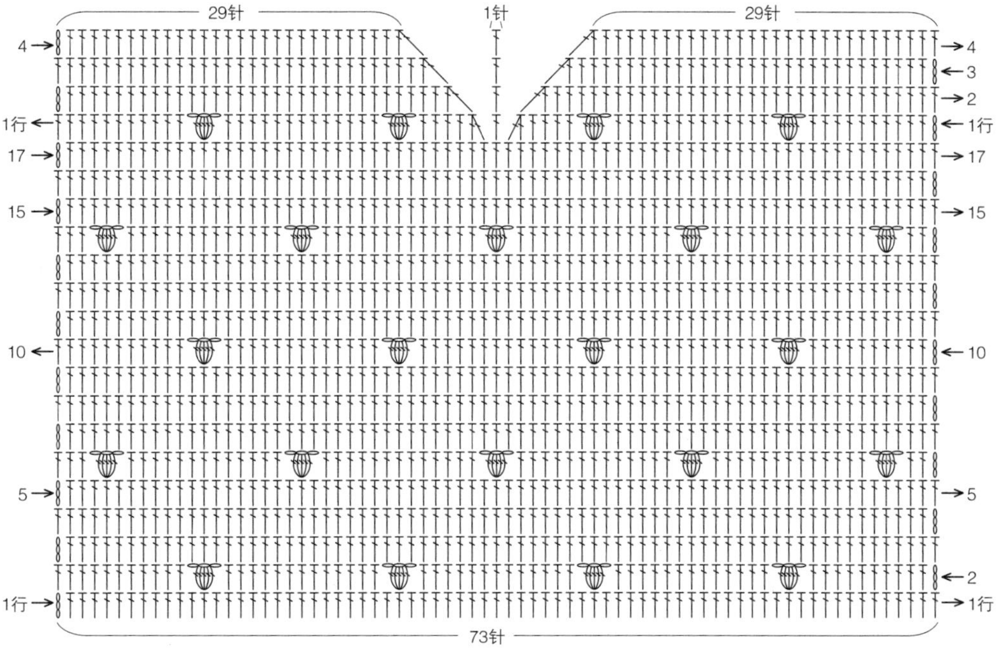

(花片)　本白色 8枚　5/0号

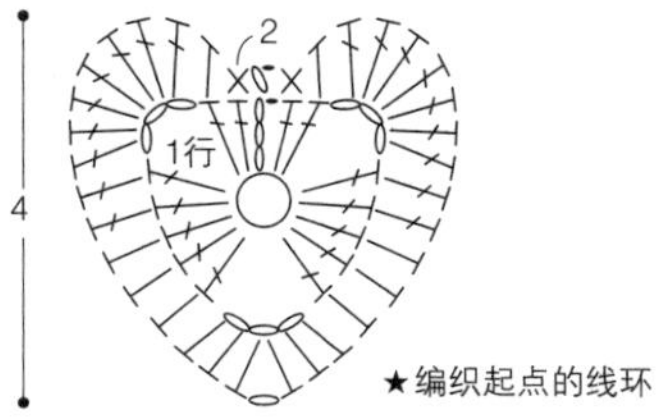

(装饰扣)　本白色 2枚　5/0号

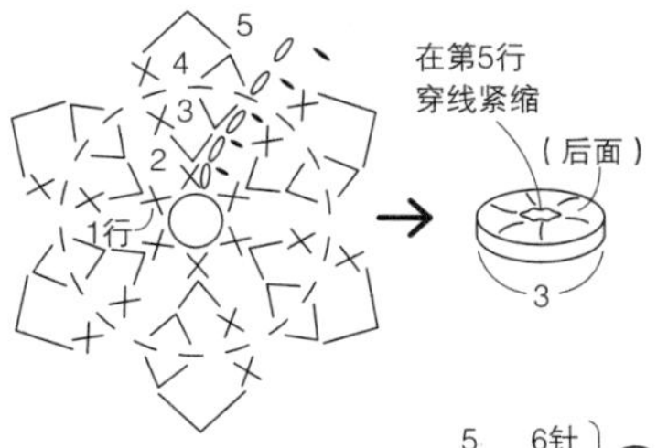

╲╱ = 在前1行的1针上钩织2针短针

╱╲ = 短针2针并1针

5	6针	(短针钩织)
4	12针	
3	18针	
2	12针	
1行	6针	

★第4行做钩织条纹针
★编织起点的线环

[披风的编织花样和减针]

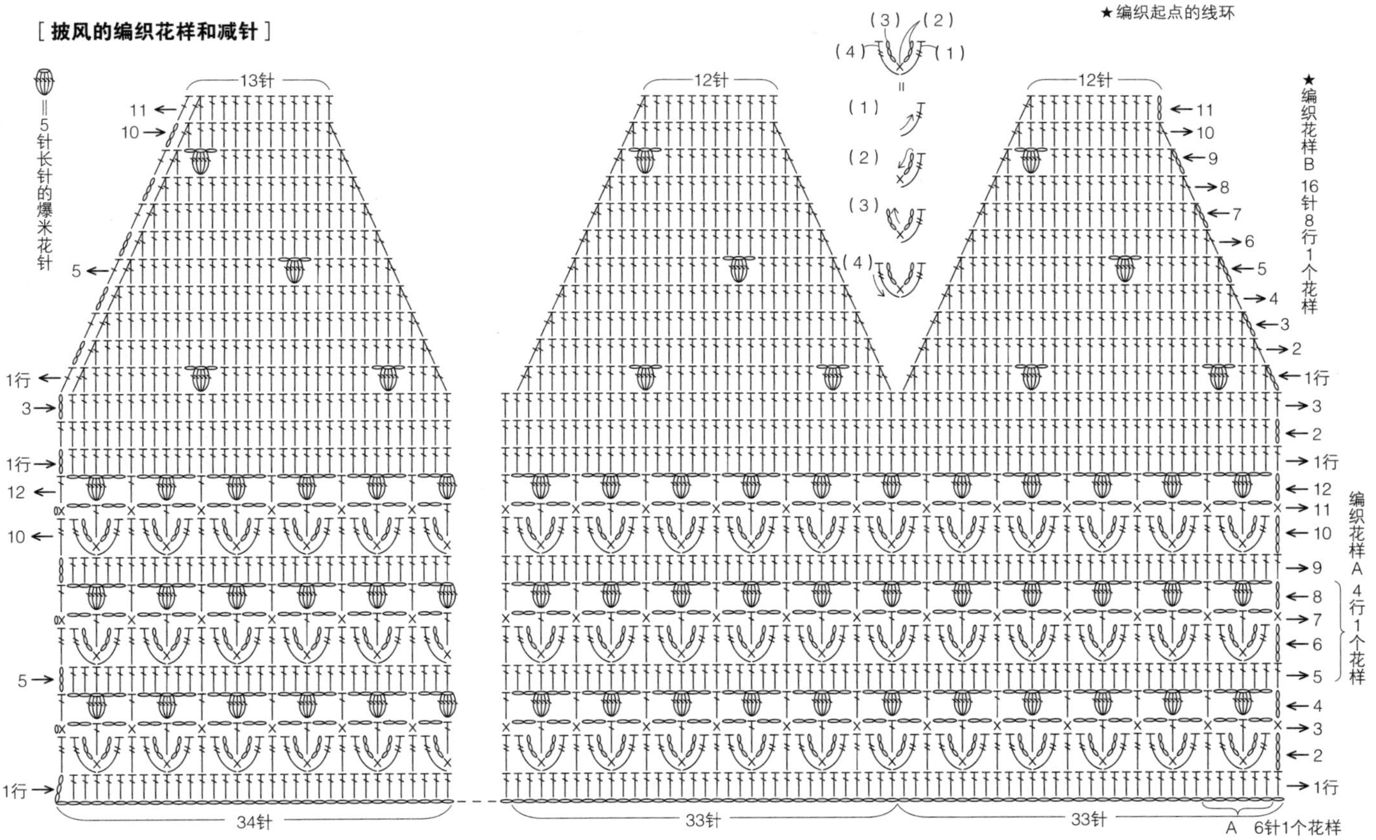

18 拉链式开口毛衣 | 19页

材料

线：和麻纳卡 Sonomono(粗)淡茶色(2) 140g、本白色(1)80g

配件：24cm 长拉链1条

针：4/0钩针

密度

10cmx10cm 面积内：编织花样24针、11行

钩织方法

★用1股线、4/0号钩针钩织

1 前、后身片连续钩织编织花样。编织花样的配色条纹不断线分别在淡茶色第4行、本白色第2行休针并纵向渡线钩织。

2 衣袖与身片钩织相同的编织花样。

3 接缝肩部，在领窝和下摆处做边缘编织，前门襟处进行短针钩织。

4 衣袖与身片的袖窿缝合，钉缝袖下，袖口处做边缘编织。

5 用回针缝将拉链安在前门襟，拉链头上加饰剪线绒球。

［衣袖］

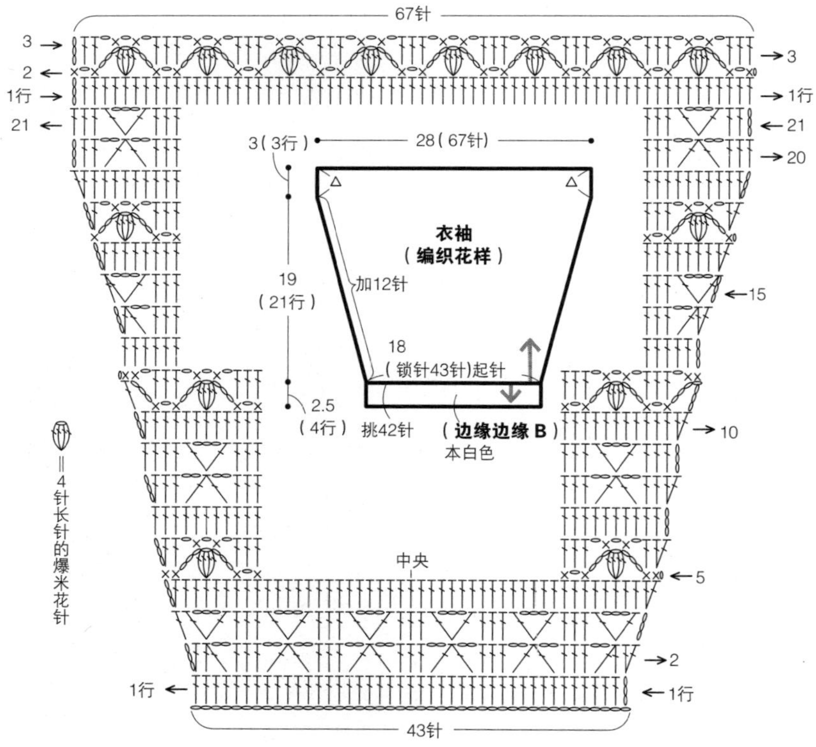

（编织花样）

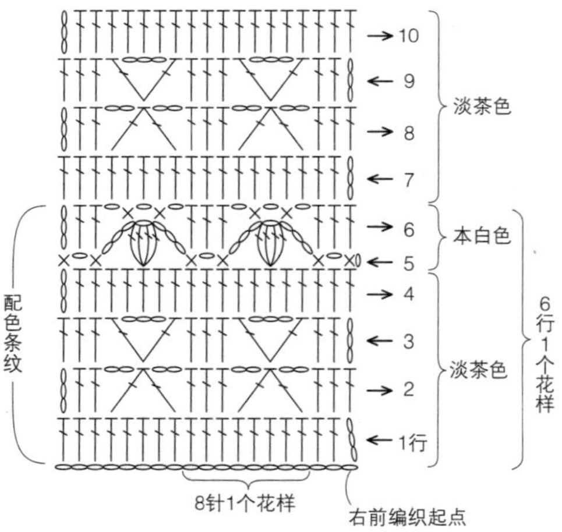

（边缘编织B）

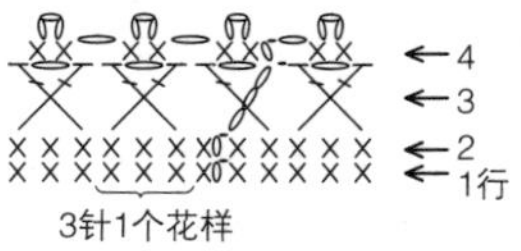

[开口毛衣]

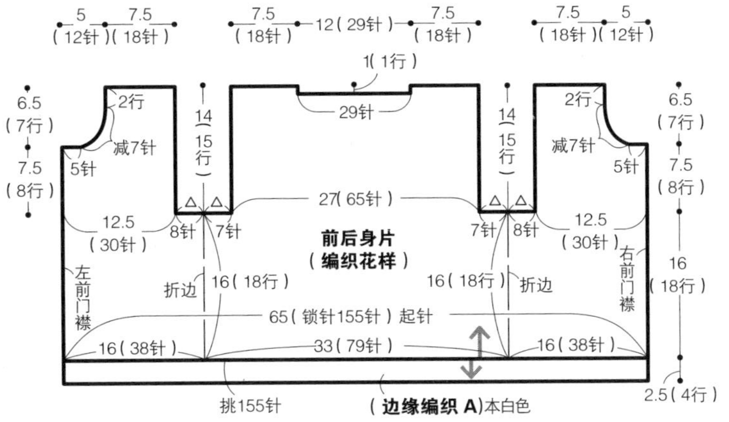

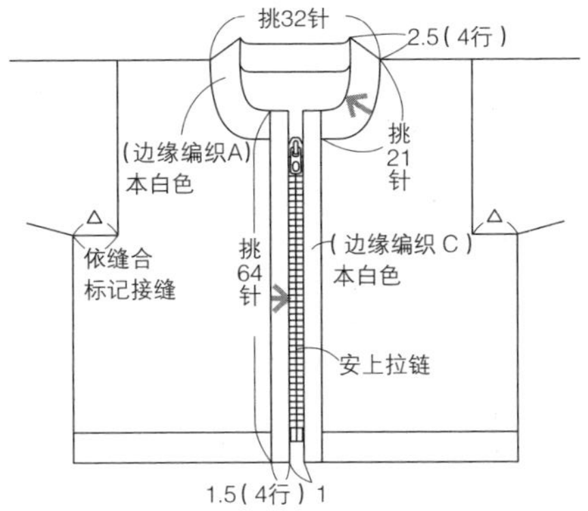

(剪线绒球)

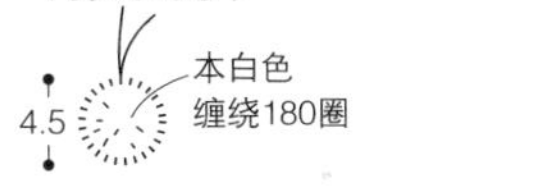

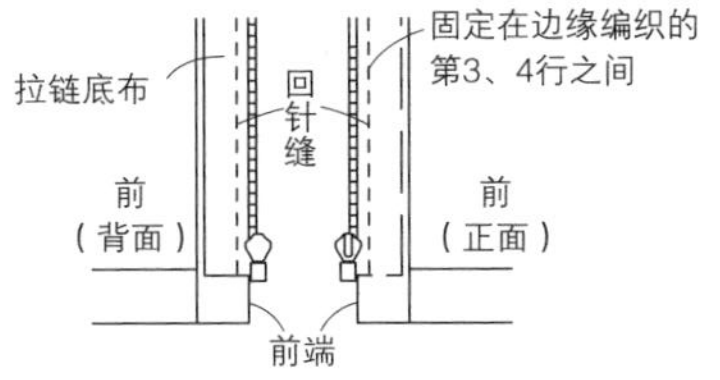

[前后身片]

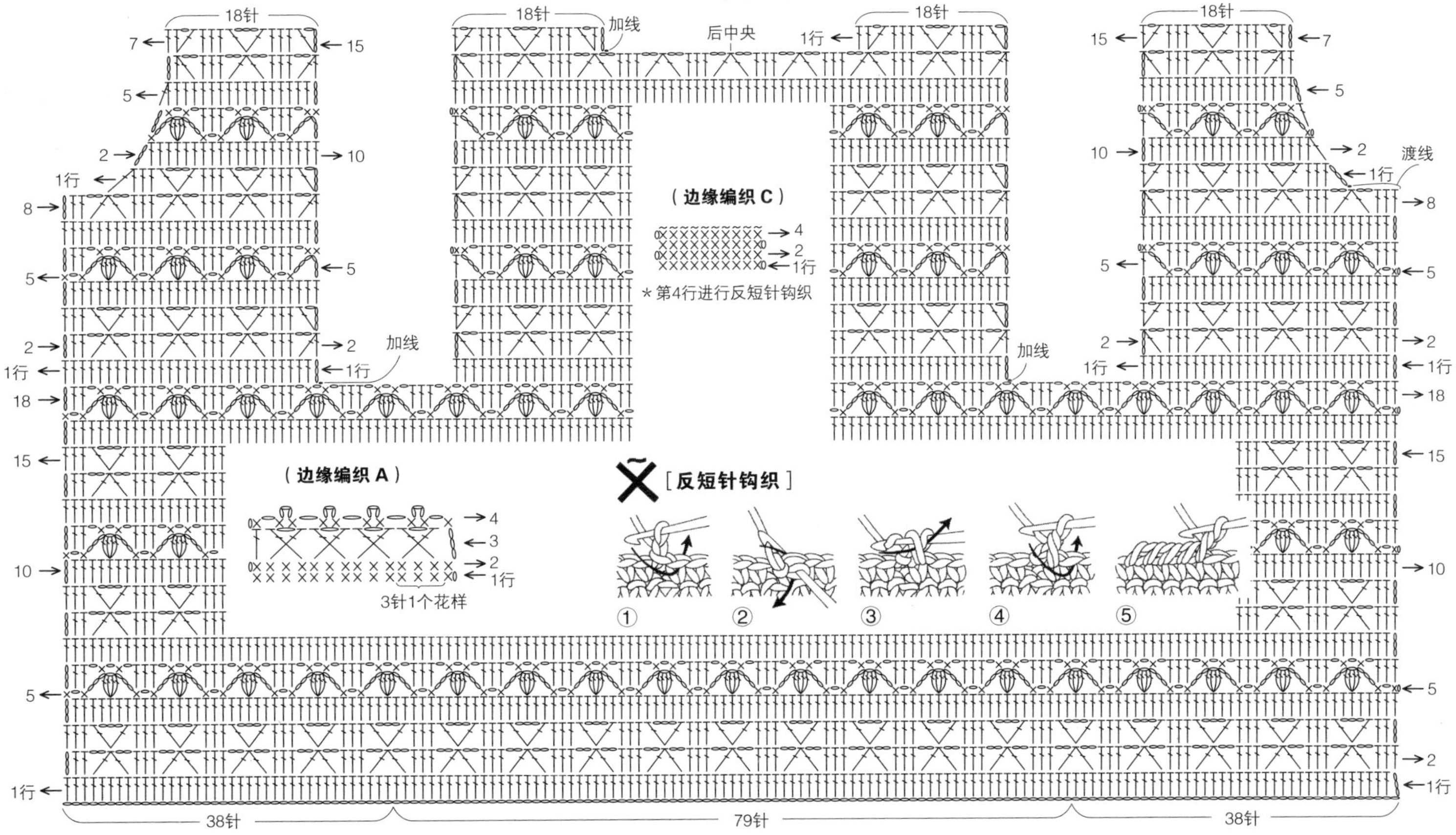

20 花朵发饰、21 花田开口毛衣

21 页

材料

线：和麻纳卡纯毛中细蓝色(15)140g、本白色(1)40g

纽扣：13mm 圆形5颗

配件：宽30mm 的发卡

针：3/0钩针

密度

10cmx10cm 面积内：编织花样27针、11行

钩织方法

★用1股线、3/0号钩针钩织开口毛衣

1 身片在下摆处起针用蓝色线前后连续钩织爆米花针的花样。

2 左、右衣袖也钩织同样花样。

3 接缝肩部，缝合衣袖和袖下缝。

4 领窝、前门襟、下摆、袖口处钩织本白色的边缘，左前门襟用本白色线缝上纽扣。

5 用本白色线和蓝色线钩织花片和叶子。各织片的最后行均留15cm 的织线，用于将织片缝在身片和袖口处。

6 将1枚花片 A 饰于发卡上，做成发饰。

（边缘编织和扣眼）

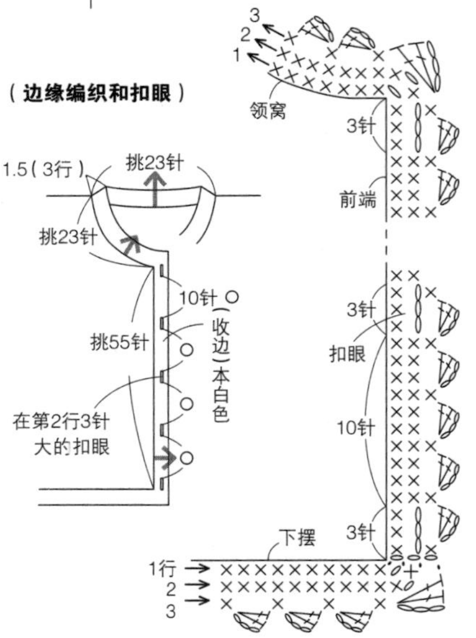

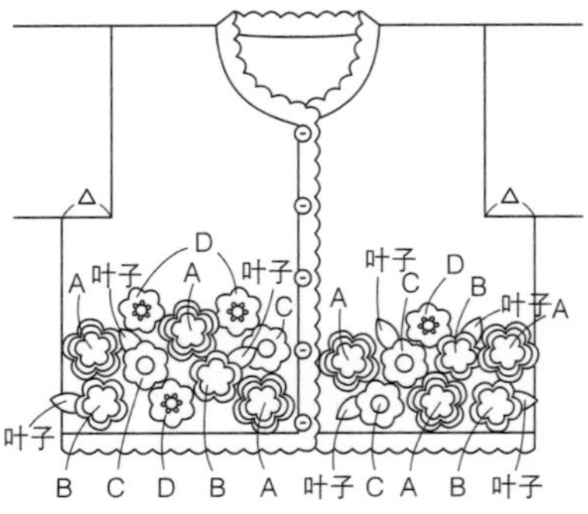

（边缘编织）

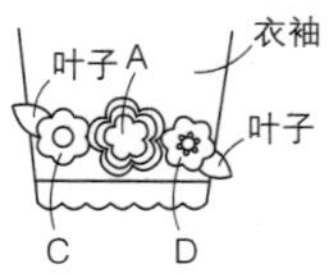

（花片 C）6枚

3.5

3 蓝色
2 本白色
1行 本白色

★编织起点的线环

（花片 D）6枚

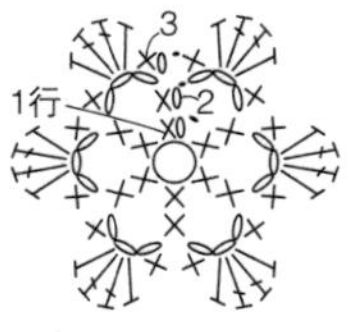

3.5

3 蓝色
2 本白色
1行 本白色

★编织起点的线环

（叶子）本白色 11枚

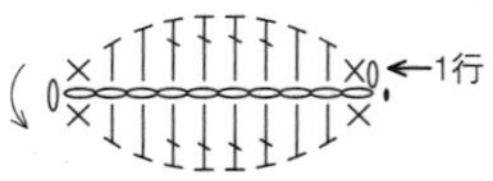

4(锁针10针)

★41页的叶子锁针起针，左右各减1针钩织中长针

（花片 A）9枚

6 本白色
5 蓝色
4 蓝色
3 本白色
2 本白色
1行 本白色

★编织起点的线环

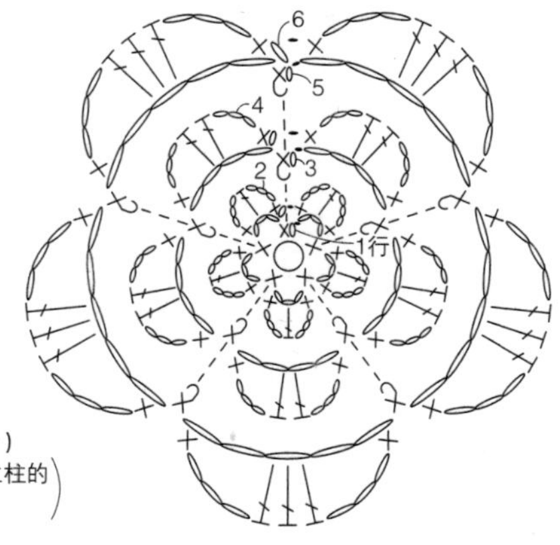

4

X = 短针的拉针(上针)
(从上上行的短针立柱的后山挑针钩织)

（花片 B）4枚

3.5

4 蓝色
3 本白色
2 本白色
1行 本白色

★编织起点的线环

[开口毛衣]

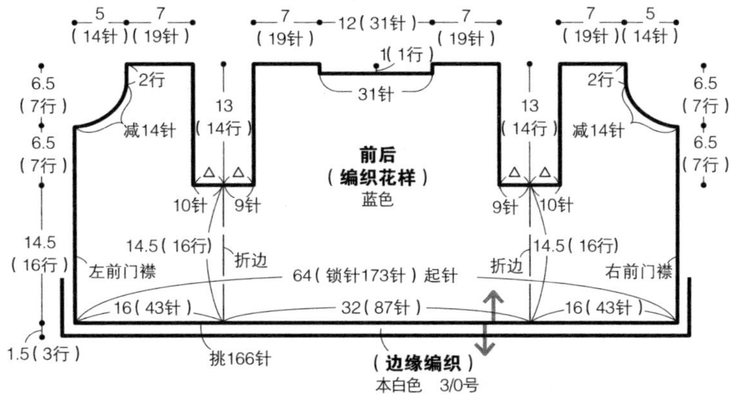

[衣袖]

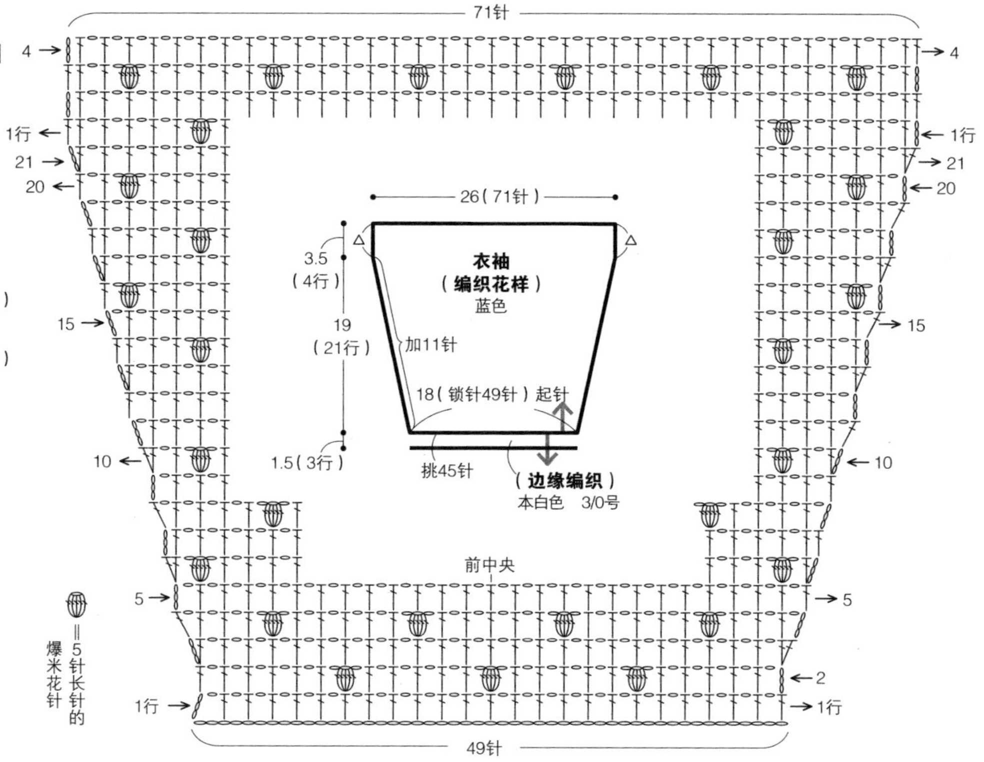

爆米花针 = 5针长针的

[前、后身片]

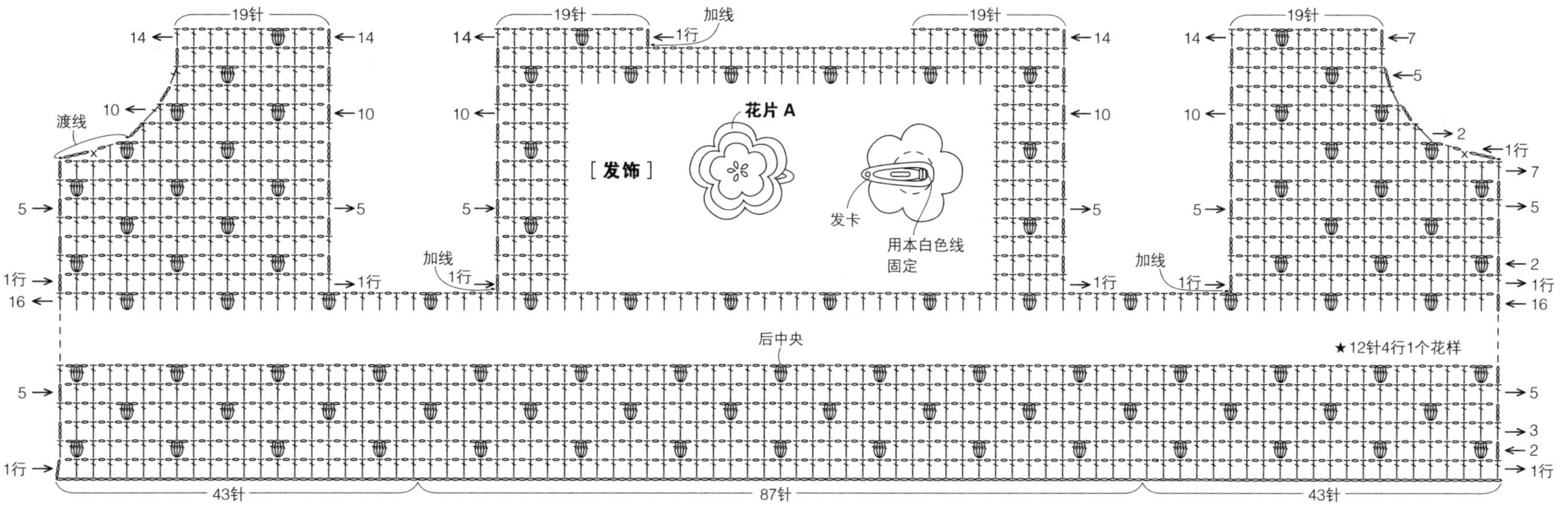

22 花片发圈、23 花片相连的束腰长裙 22页

材料

线：和麻纳卡棉线(中细)本白色(1)70g

和麻纳卡 Paume Baby color(粗)桃红色(91)、橙色(92)、黄色(93)各20g

针：3/0钩针

密度

1枚花片约4.5cm　10cm×10cm 面积内：编织花样23针、11行

钩织方法

★用1股线、3/0号钩针钩织棉线和 Paume Baby color

束腰长裙

1 第1、2行用本白色，第3行分别用3种颜色钩织成色彩各异的花片。钩织第1枚花片后，如图所示第2枚开始钩织成相连的，与育克相连的肩带。

2 长裙是从腰部的一侧开始环形钩织。在第4行加针扩展下摆。

3 将育克与长裙重叠，缝合。

发圈

将10枚与长裙相同的花片相连成环形。根据所钩织花片的大小和宝贝头围可增减花片的枚数。

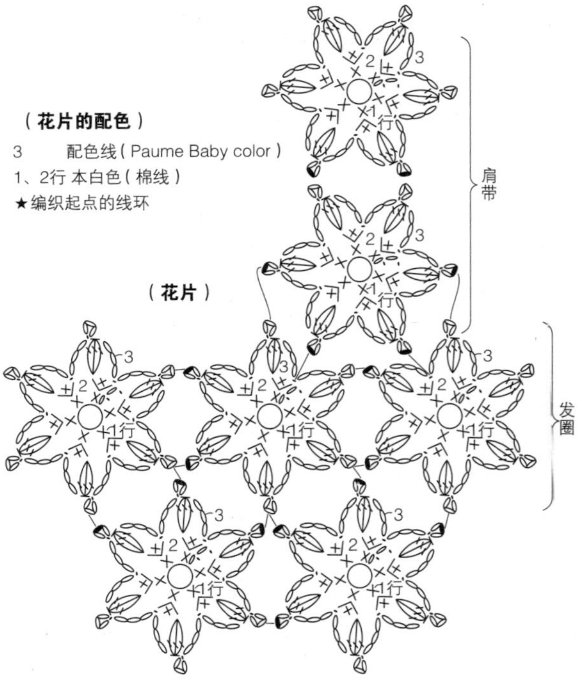

（编织花样）

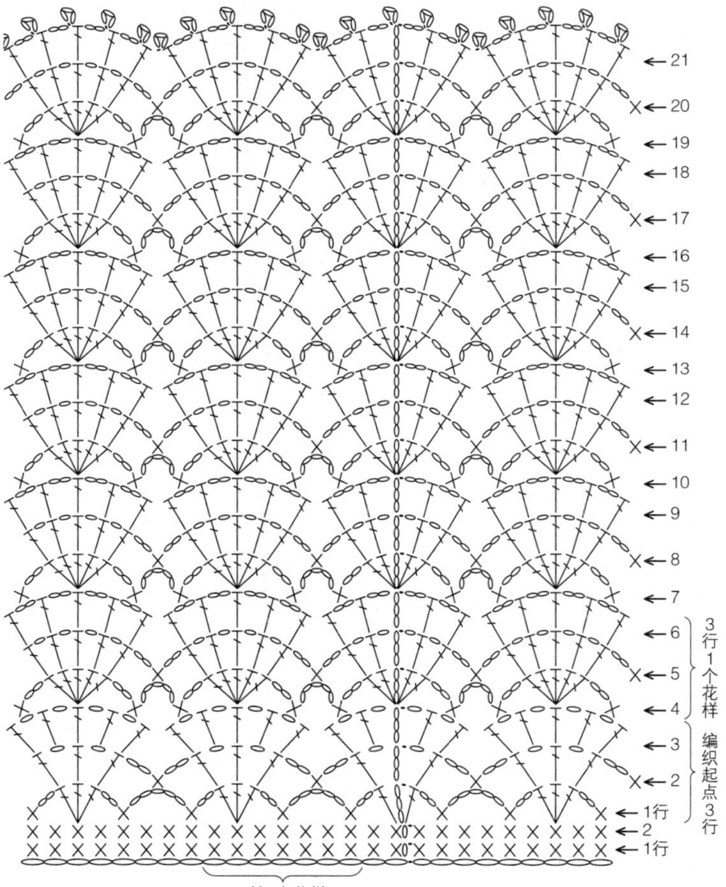

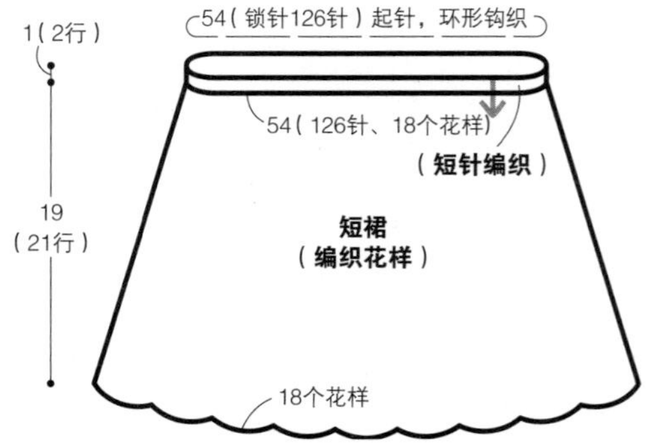

[花片育克]

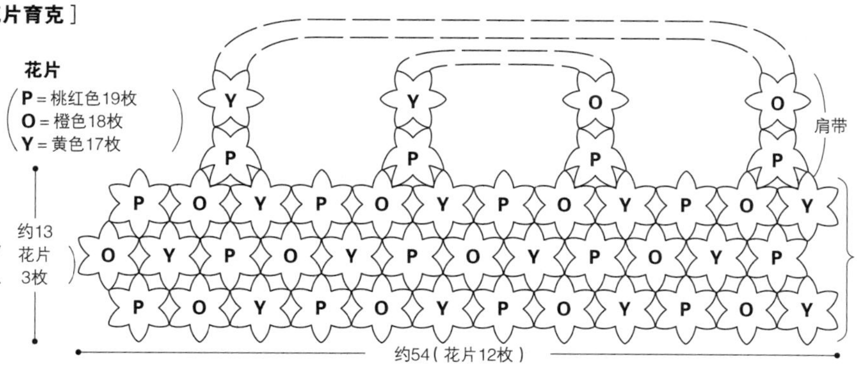

[束腰长裙]

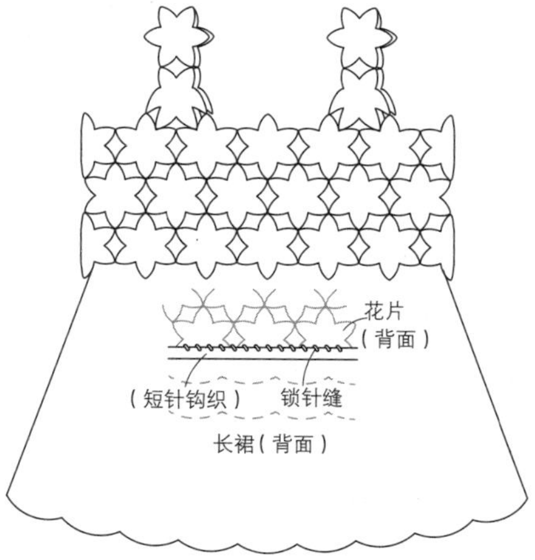

[花片发圈]

（配色线）
P＝桃红色
O＝橙色
Y＝黄色

33 泰迪熊宝宝被和外套的衣袖、耳朵、泰迪熊

29 页

★材料、宝宝被和外套的钩织方法参见76页

钩织方法

1 钩织泰迪熊的各个组成部分，将缝合成形的小熊缝于下摆处。

2 耳朵用短针钩织成半圆形，整平对折后缝在风帽之上。

[衣袖]

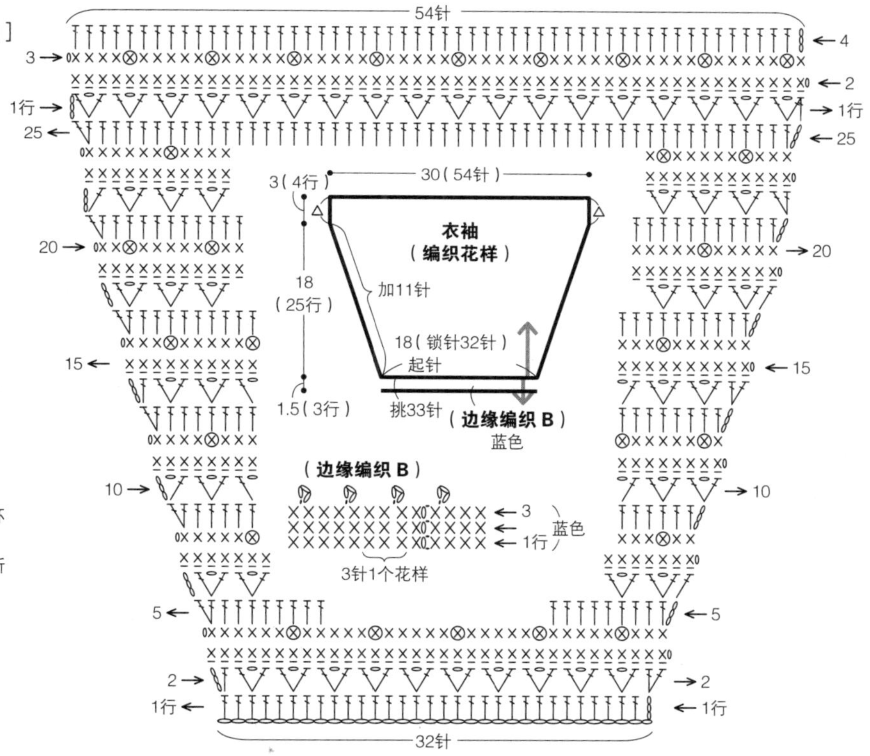

（风帽的耳朵）本白色 2枚

12	24针	短针钩织
⋮	⋮	
4	24针	
3	18针	
2	12针	
1行	6针	

★编织起点的线环

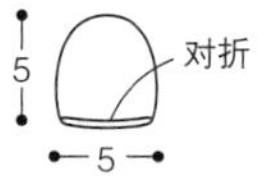

（脸）5枚 翡翠绿色

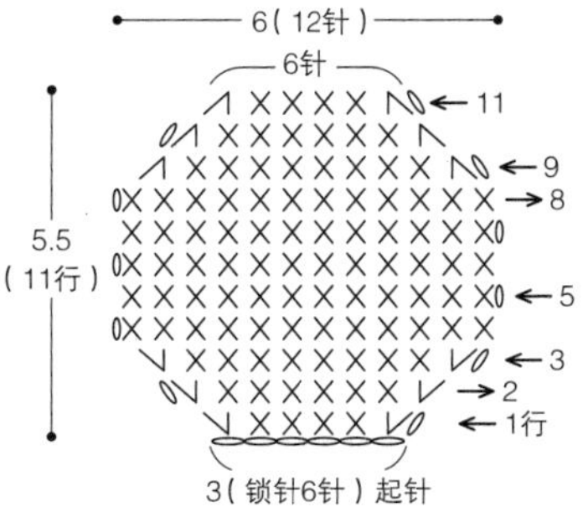

[泰迪熊]

（耳）10枚

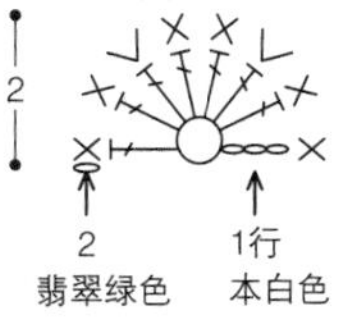

（鼻）翡翠绿色 5个

（口）本白色 5枚

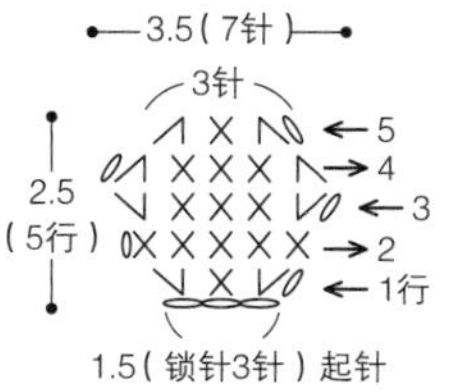

24 玫瑰发饰、25 酒红色连衣裙

23页

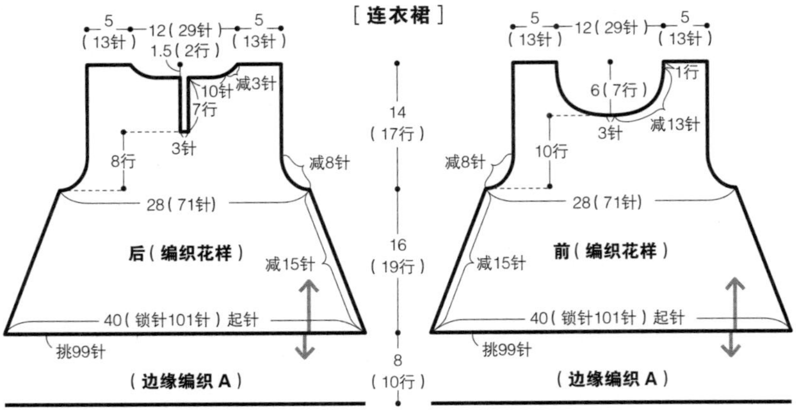

材料

线：和麻纳卡 Four Ply（中细）酒红色150g

纽扣：13mm 圆形2颗

配件：宽6mm 胭脂色丝带1.5m

宽25mm 发卡1只

针：3/0钩针

密度

10cmx10cm 面积内：编织花样25针、12行

钩织方法

★用1股线、3/0号钩针钩织

连衣裙

1 在下摆处起针编织花样直至腋上处6行，前后身片钩织编织花样相同。从第7行开始如图所示，分别钩织前后领窝及后面开口。

2 锁缝腋下，从下摆处挑针环形钩织边缘编织 A。

3 衣袖的编织花样与身片相同。钉缝袖下缝，袖口处钩织边缘编织 B。

4 从领窝处挑针钩织边缘编织 C，后开口处做短针钩织的门襟。

5 袖山的尺寸比身片的袖窿处略大。正面朝内缝合身片与衣袖，袖山处抽出2cm 的褶并用珠针固定，做引拔缝合。

6 对齐门襟处的扣眼缝纽扣，在下摆第1行处穿丝带，在左肋处打结。

发饰

1 玫瑰花起40针锁针。第1行做短针钩织，2～4行在缠绕起点和缠绕终点变换花样的织针数进行钩织。

2 将缠绕起点卷成细芯，用相同的织线将起针侧缝合固定成花形，饰在发卡上。

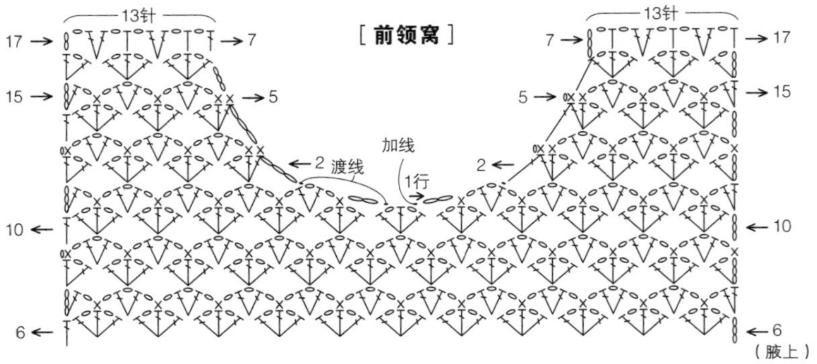

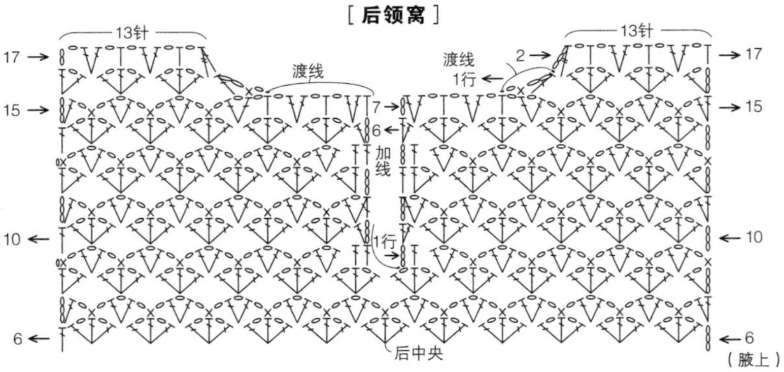

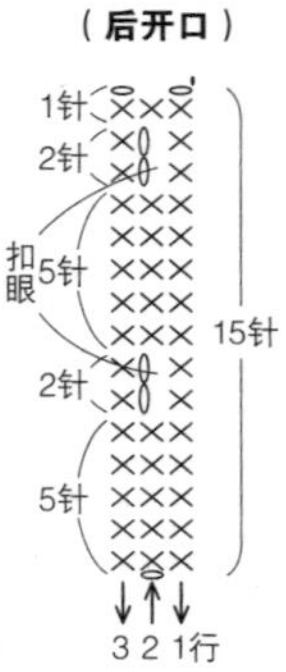

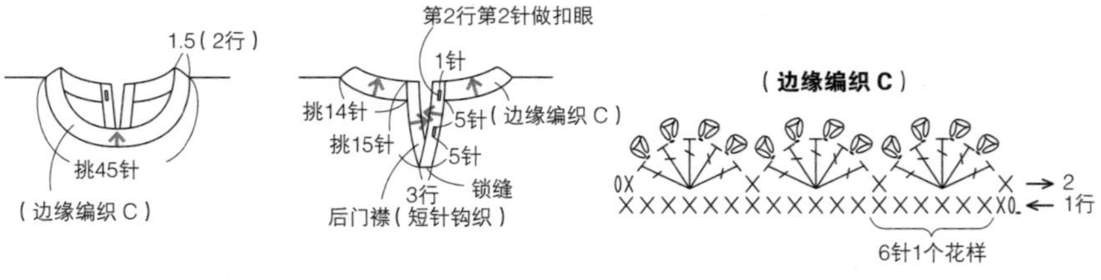

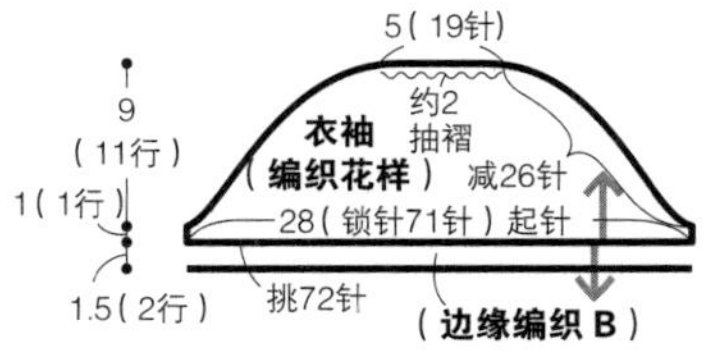

（边缘编织B）

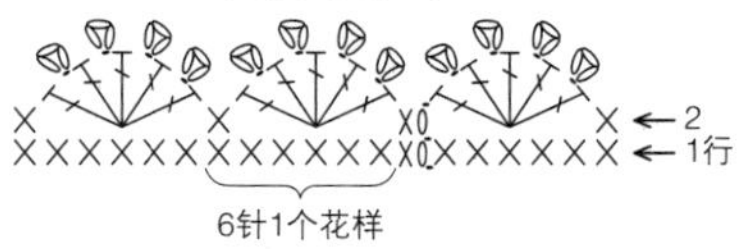

（边缘编织A）

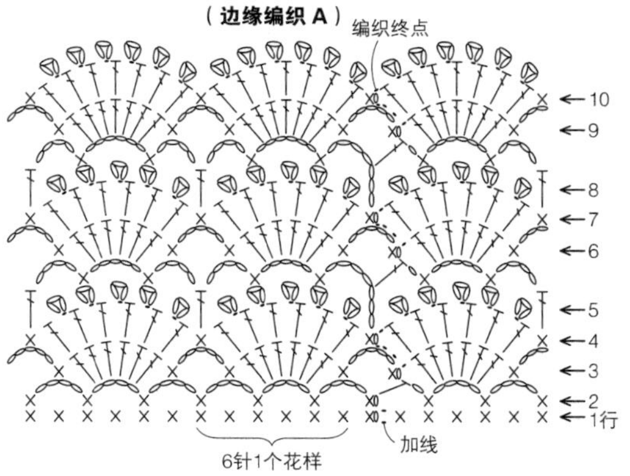

［衣袖］

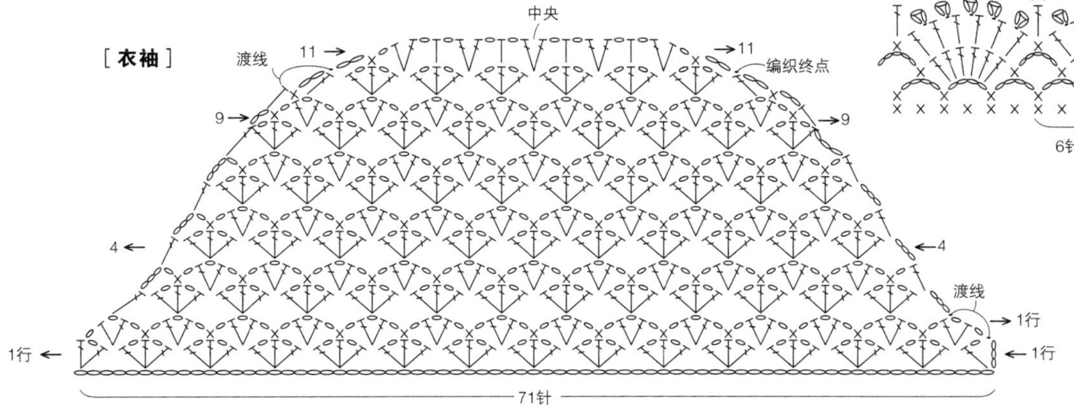

［连衣裙的身片］

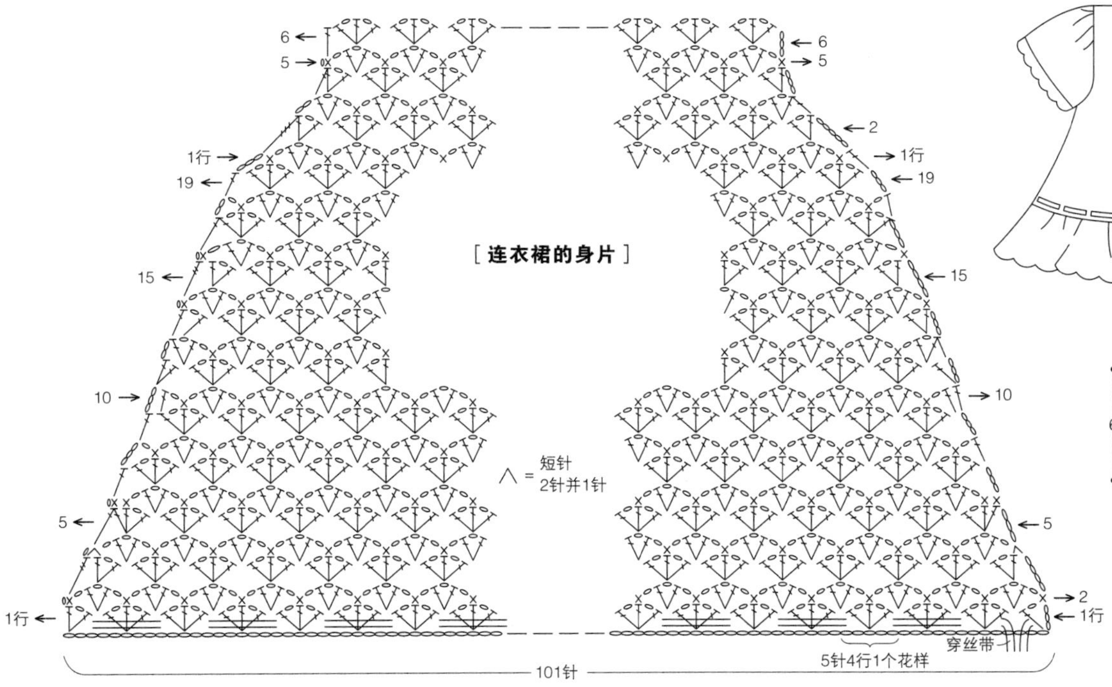

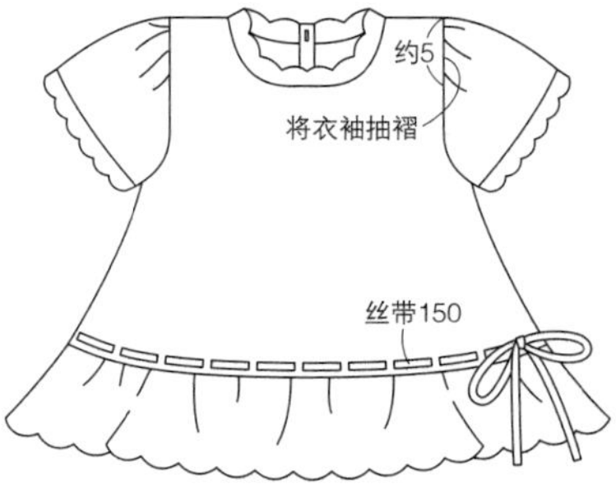

［发饰］

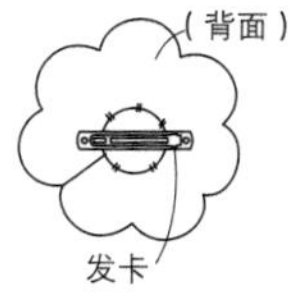

（玫瑰花）

★编织起点、起40针锁针

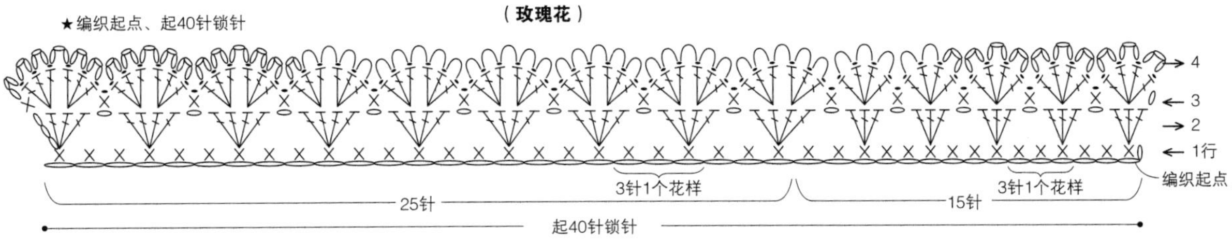

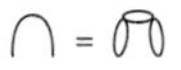

26 机器人开口毛衣 | 24页

材料

线：和麻纳卡 Fair Lady(粗)藏青色(27) 150g 、红 色(21)35g、绿 色(89)20g、芥末色(98)20g

纽扣：15mm 圆形红色、绿色、黄色、藏蓝色、橙色各1颗，5mm 圆形黑色2颗

针：5/0号、6/0号钩针

密度

10cmx10cm 面积内：编织花样19针、9行

钩织方法

★仅机器人花片的腿部用2股线、6/0号钩针，机器人的其他组成部分、对襟毛衣用1股线、5/0号钩针钩织

1 身片和衣袖钩织藏青色编织花样。如图示前、后身片连续钩织。

2 身片下摆处钩织边缘编织，拼缝肩部。

3 将衣袖与袖窿缝合，把身片和衣袖的缝合标记接缝在一起。缝合袖下，袖口处变换左右配色钩织边缘编织。

4 领窝、前门襟处钩织边缘编织，短针钩织机器人并装饰在后身片上。

5 钩织机器人的各个组成部分，组合成机器人后锁针缝缝在后身片上。

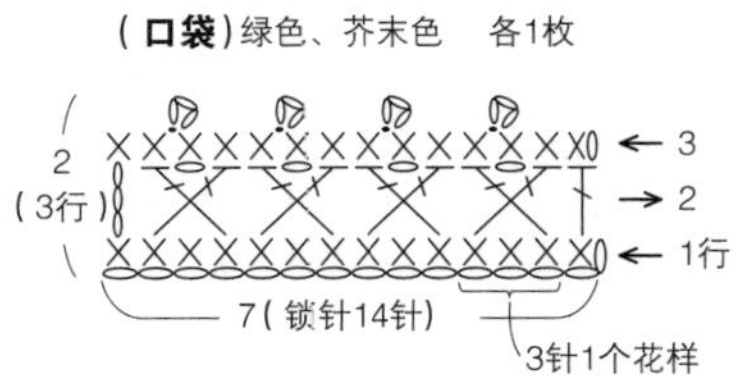

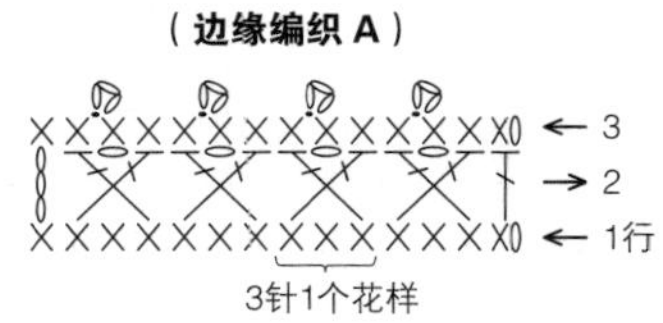

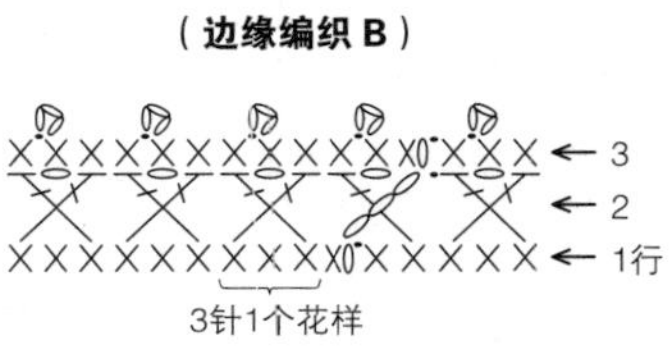

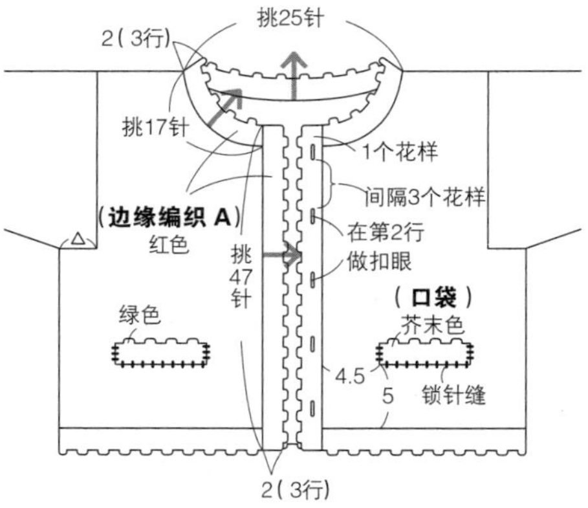

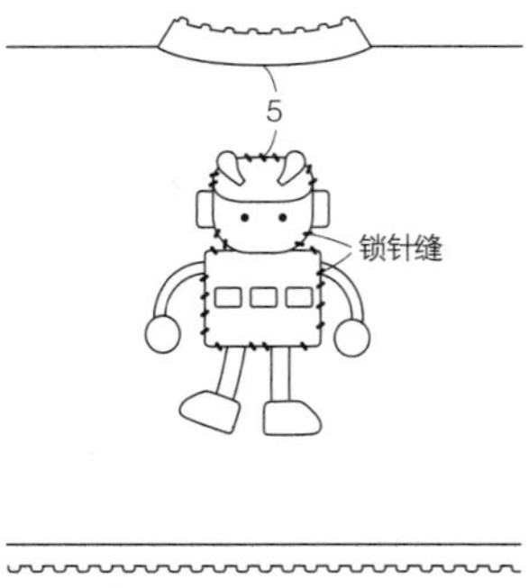

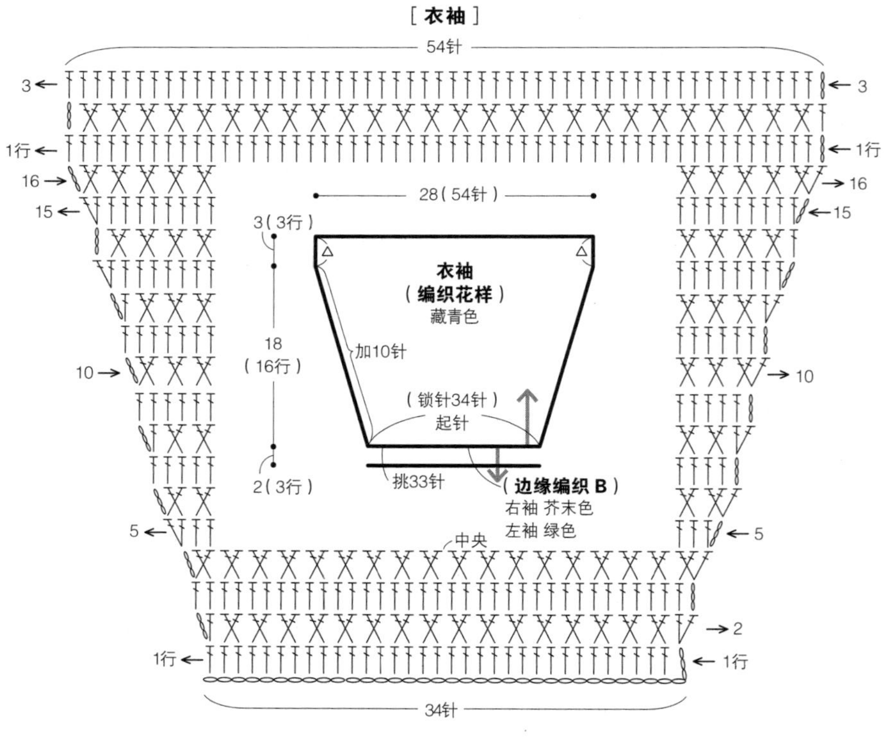

[开口毛衣]

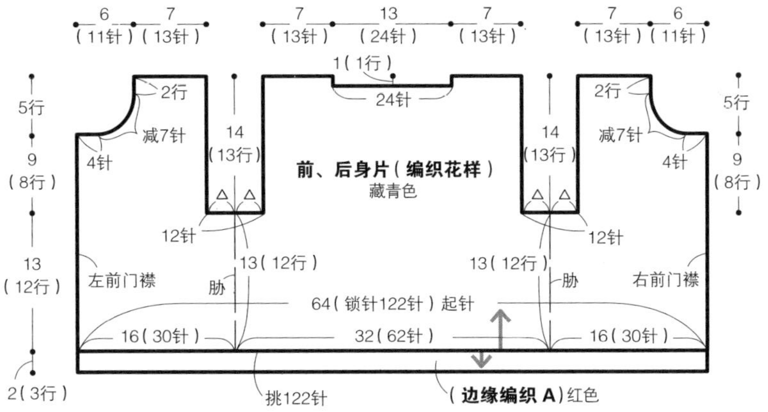

[机器人]

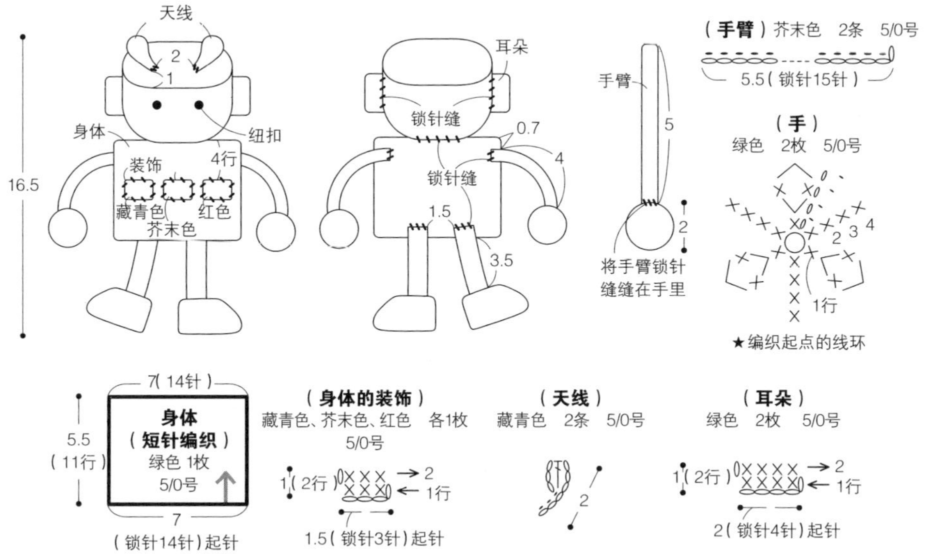

[前、后身片]

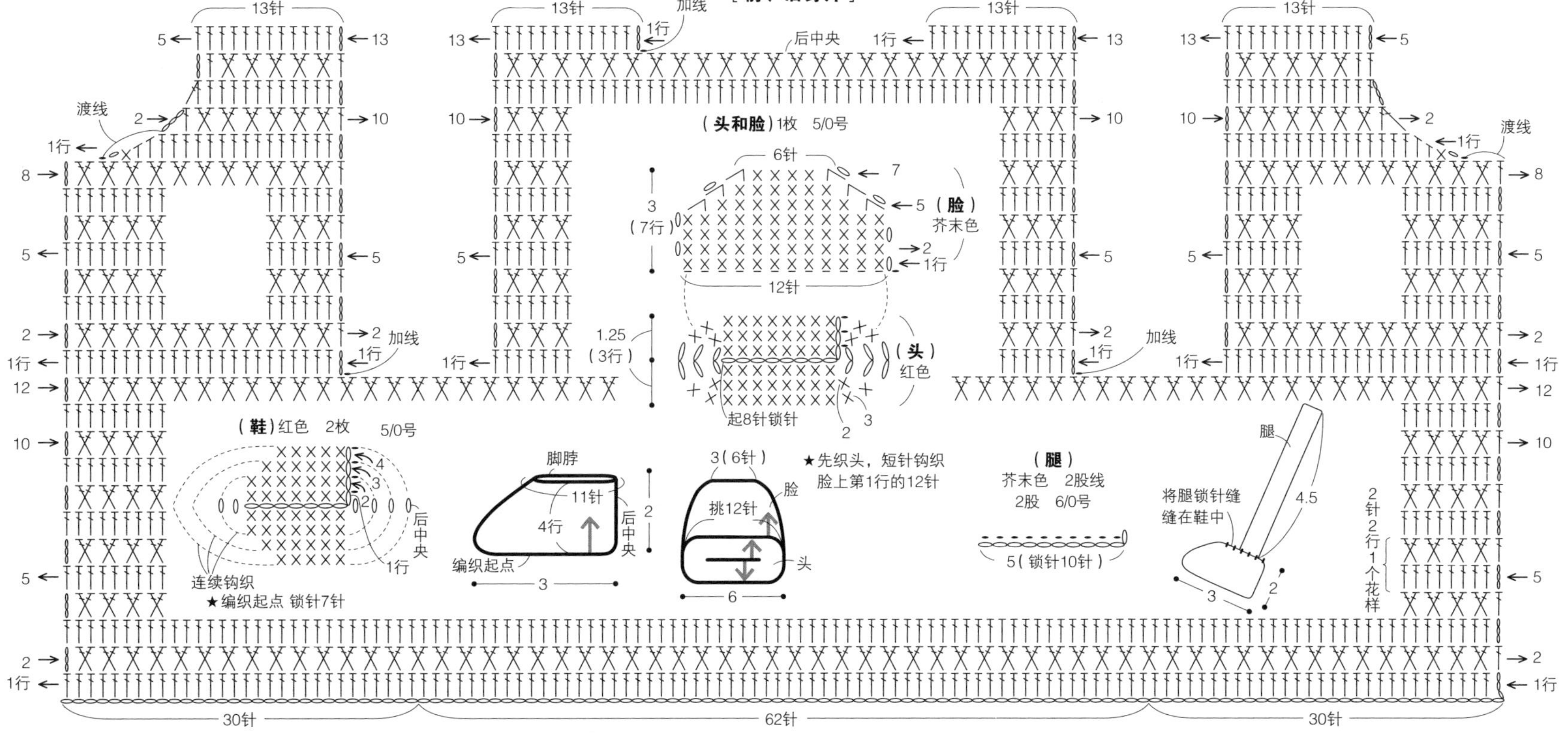

27 洋娃娃开口毛衣 | 25页

材料

线：和麻纳卡纯毛线（中细）桃红色（14）140g，蓝色（15）25g，本白色（1）、茶色（35）各少许

纽扣：13mm圆形5颗，5mm圆形黑色2颗

针：3/0号、5/0号钩针

密度

10cmx10cm面积内：编织花样30针、11.5行

钩织方法

★洋娃娃花片的手臂、腿、脚用2股线、5/0号钩针钩织，洋娃娃的其他组成部分、前门襟毛衣用1股线、3/0号钩针钩织

1 身片和衣袖钩织桃色编织花样。如图所示前、后身片连续钩织。

2 拼缝肩部，下摆、前门襟、领窝处钩织蓝色边缘编织。

3 将衣袖与袖窿缝合，把身片和衣袖的缝合标记接缝在一起。缝合袖下，袖口处钩织边缘编织。

4 钩织蝴蝶结并装饰在前身片上。

5 钩织洋娃娃的组成部分，组合成洋娃娃后锁针逢缝在后身片上。

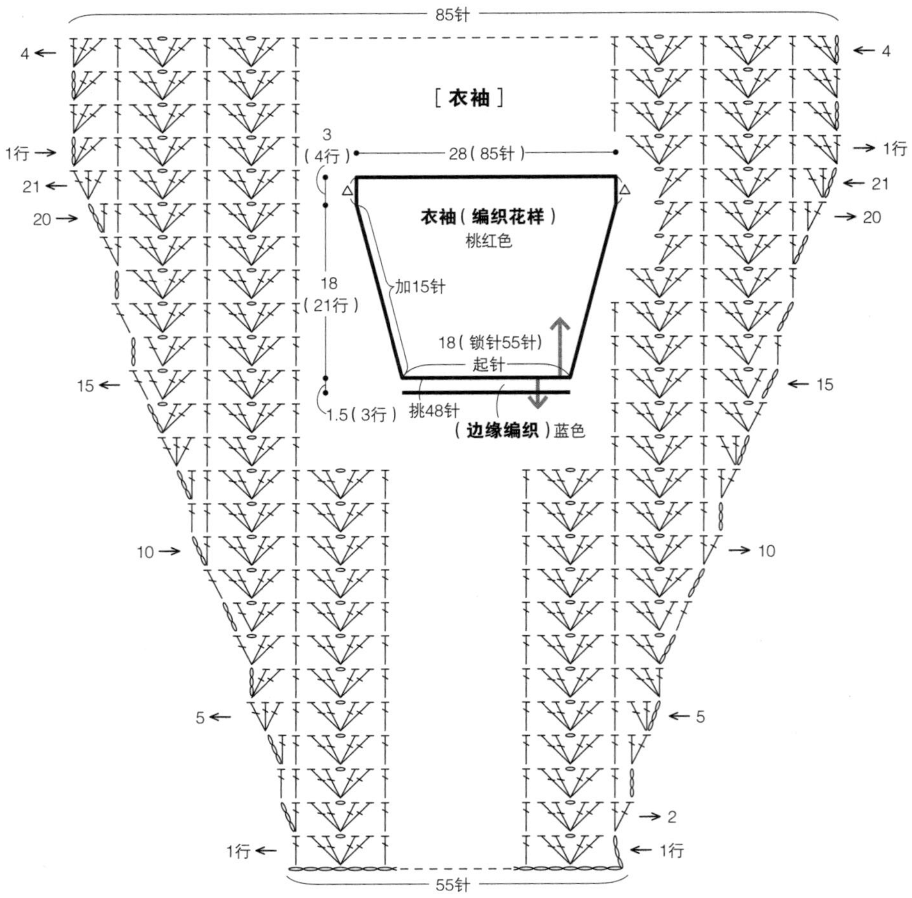

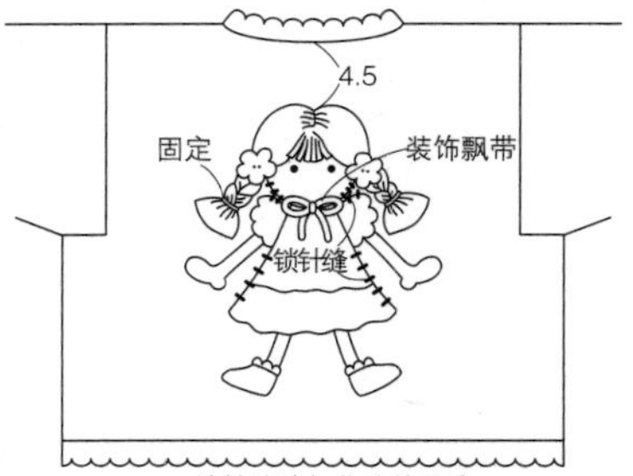

★锁针缝脸部花片的周边

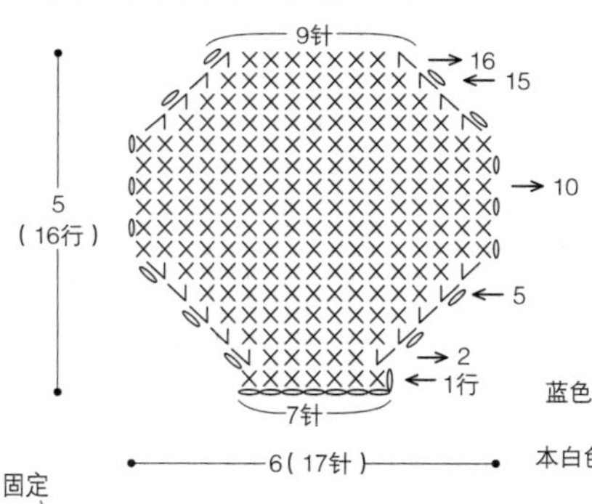

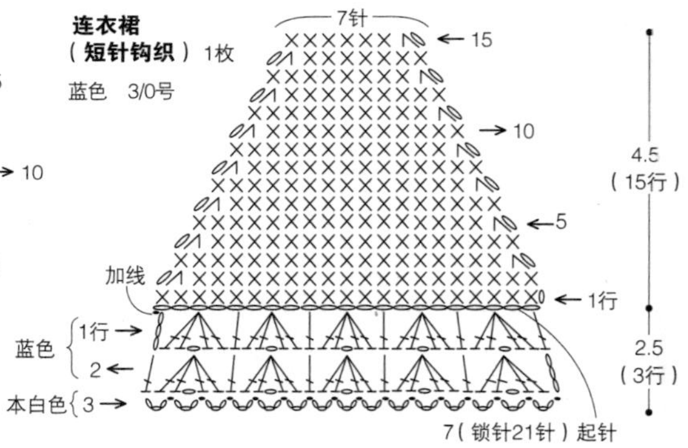

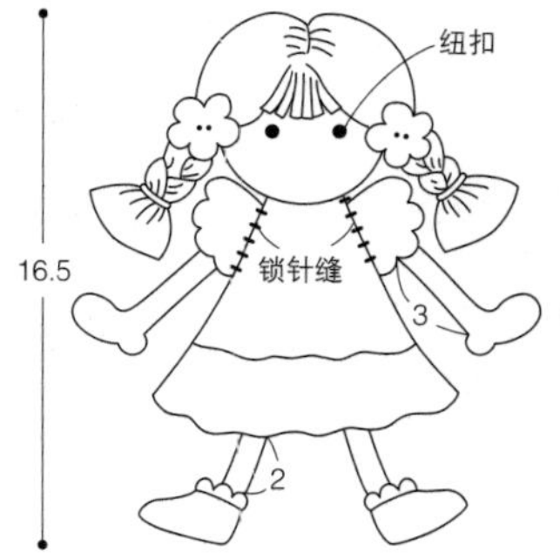

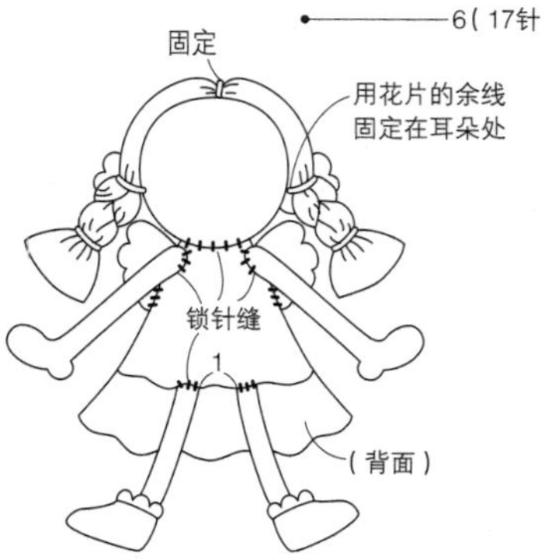

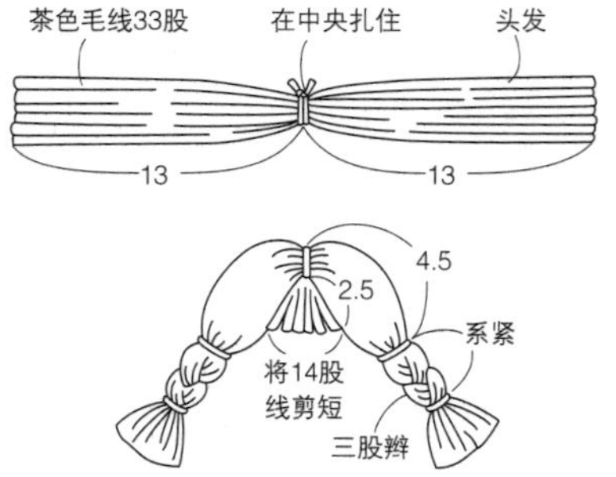

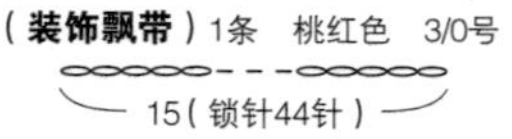

★编织起点的线环

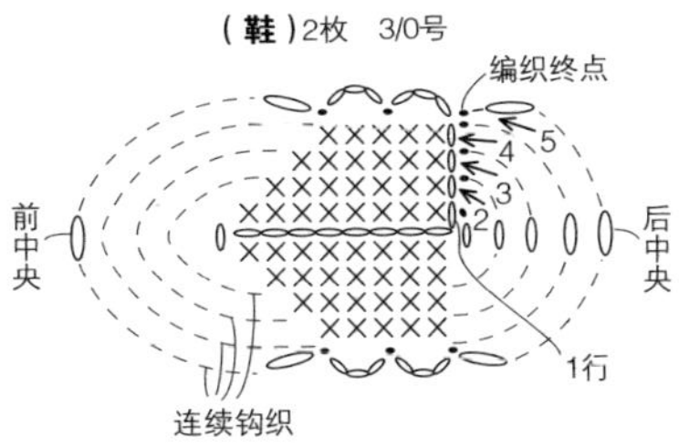

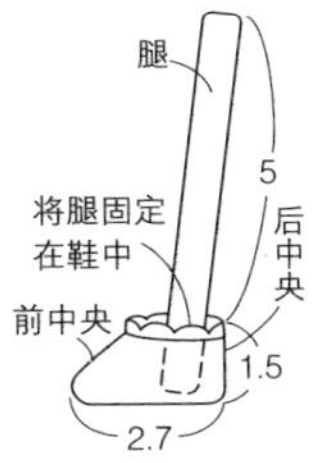

★1～4行蓝色、5行 本白色
★编织起点锁针8针 蓝色

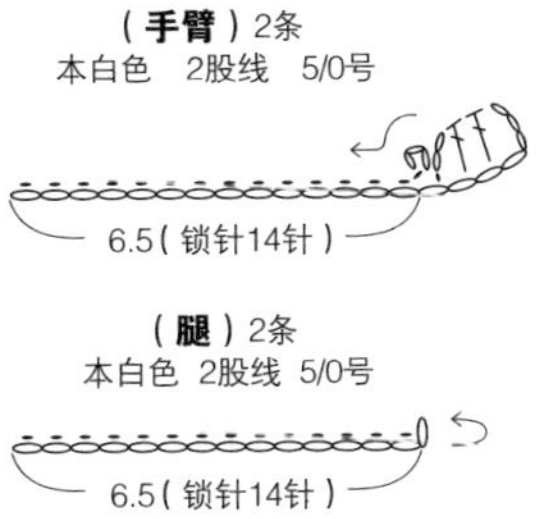

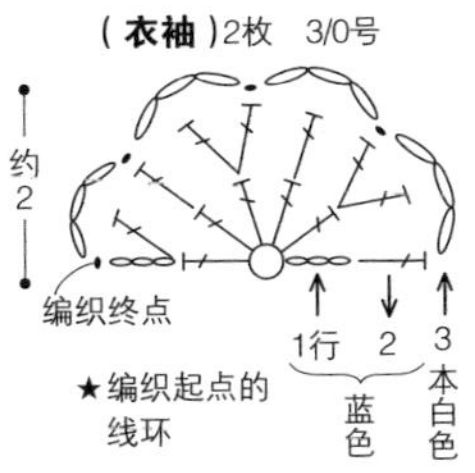

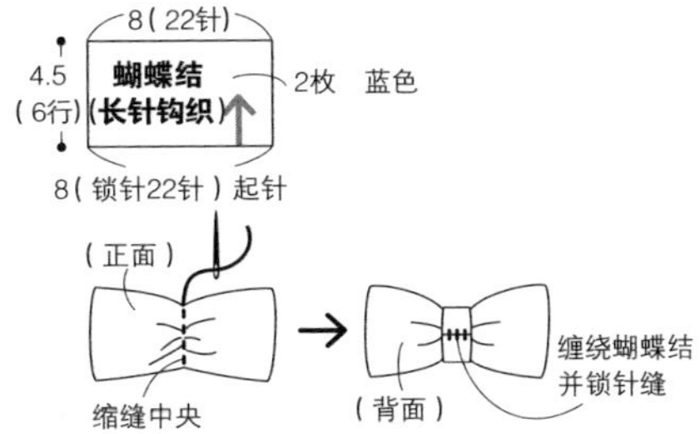

［开口毛衣］

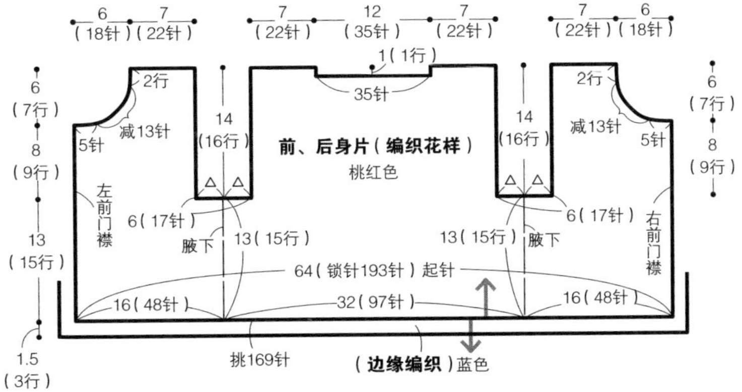

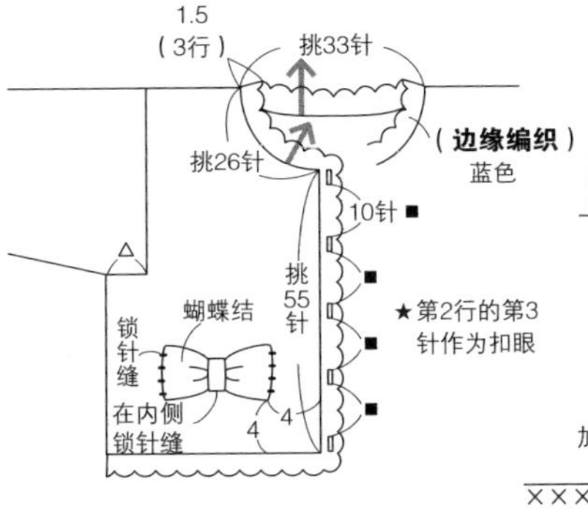

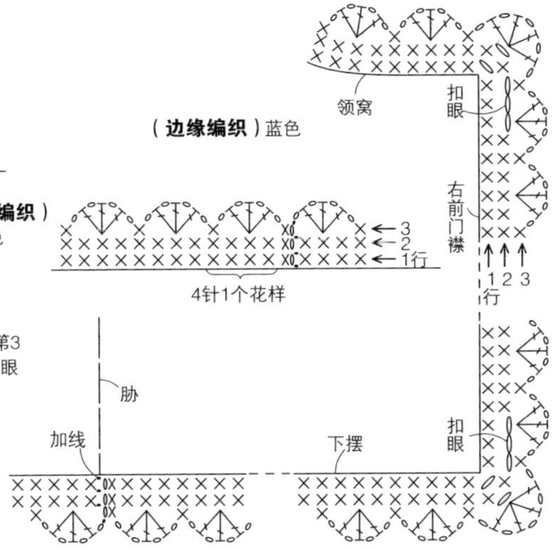

［前、后身片］

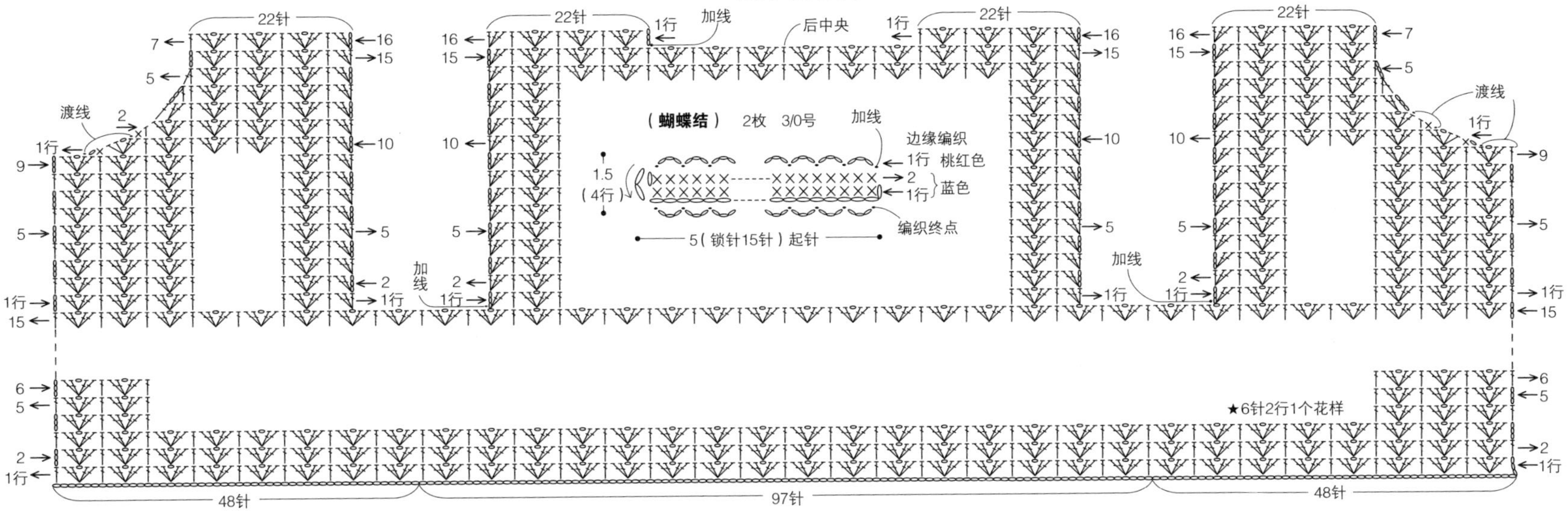

28 贝雷帽、29 黑白色系斗篷 | 26 页

材料

线：和麻纳卡 Fair Lady50(粗)黑色(50) 180g 、深灰色(49)80g、本白色(2)45g、灰色(48)15g

针：5/0号钩针

密度

10cmx10cm 面积内：编织花样20针、10行

钩织方法

★用1股线、5/0号钩针钩织斗篷、贝雷帽

斗篷

1 下摆处以环形起针，进行往返钩织编织花样。将整体分4个部分，在其两侧减针钩织直到领窝处。配色线在各行的终点剪断，或纵向渡线包裹着钩织。

2 继续以同样的编织花样钩织衣领，下摆处钩织边缘编织。

3 一边钩织花片，一边将其连成环形，锁针缝缝在衣领周围。

★完成之后若领周较大时，可钩织飘带，穿在衣领的第1行的织针间调节尺寸

帽子

1 根据头围大小起针，按照图示编织花样钩织。整体分为6个部分，前5行加针，后10行到帽顶减针，钩织成贝雷帽。

2 帽檐处钩织边缘编织，将线穿过帽顶余下的针目，抽紧后连接剪线绒球。

［斗篷］

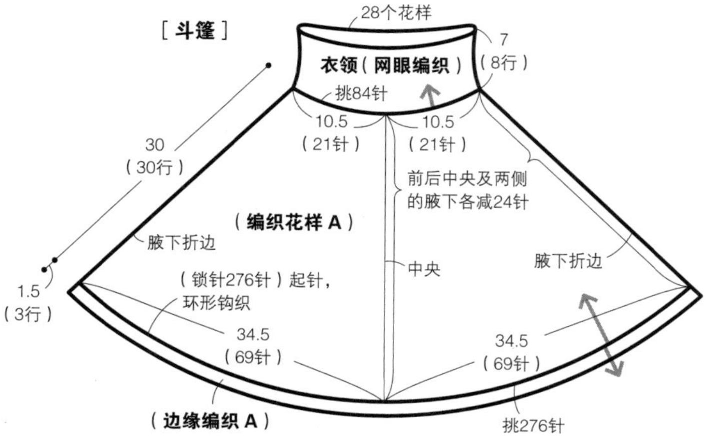

（衣领）

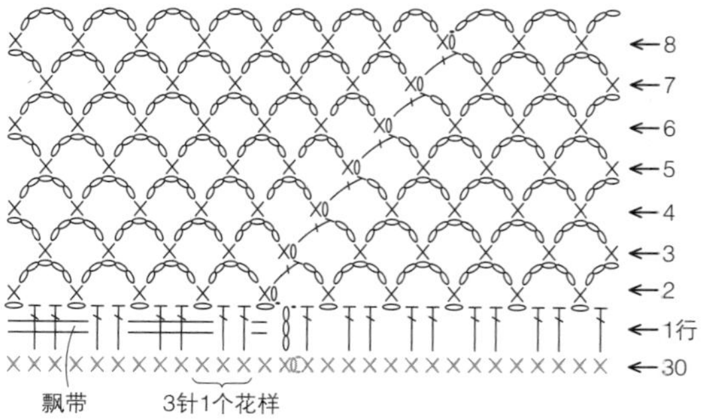

（编织花样 A）

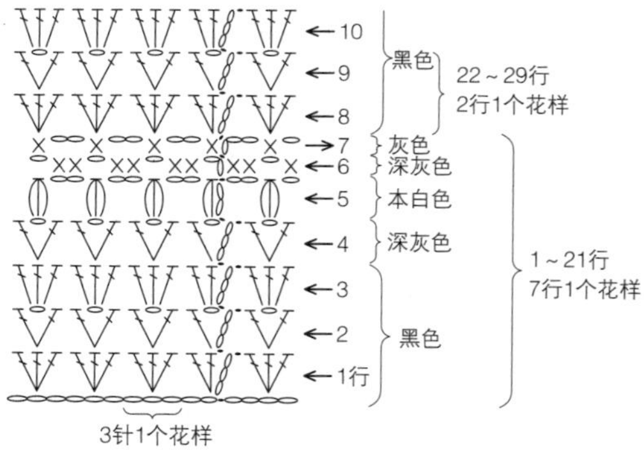

（花片）10枚

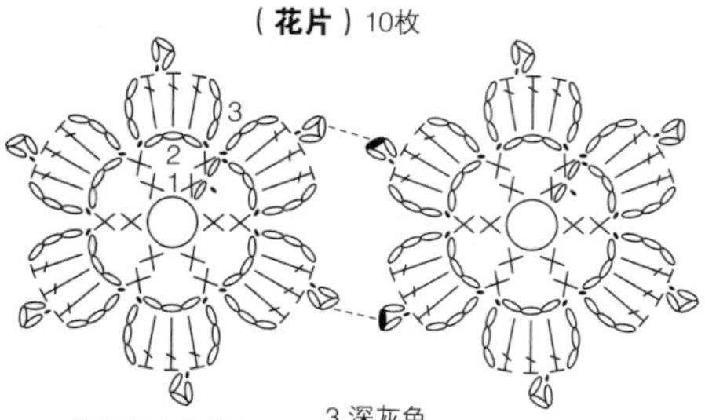

★编织起点的线环

3 深灰色
1、2行 本白色

（边缘编织 A）

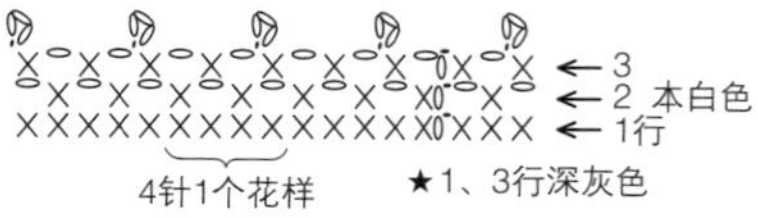

（飘带）黑色 1条

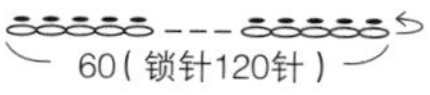

[斗篷的编织花样与减针]

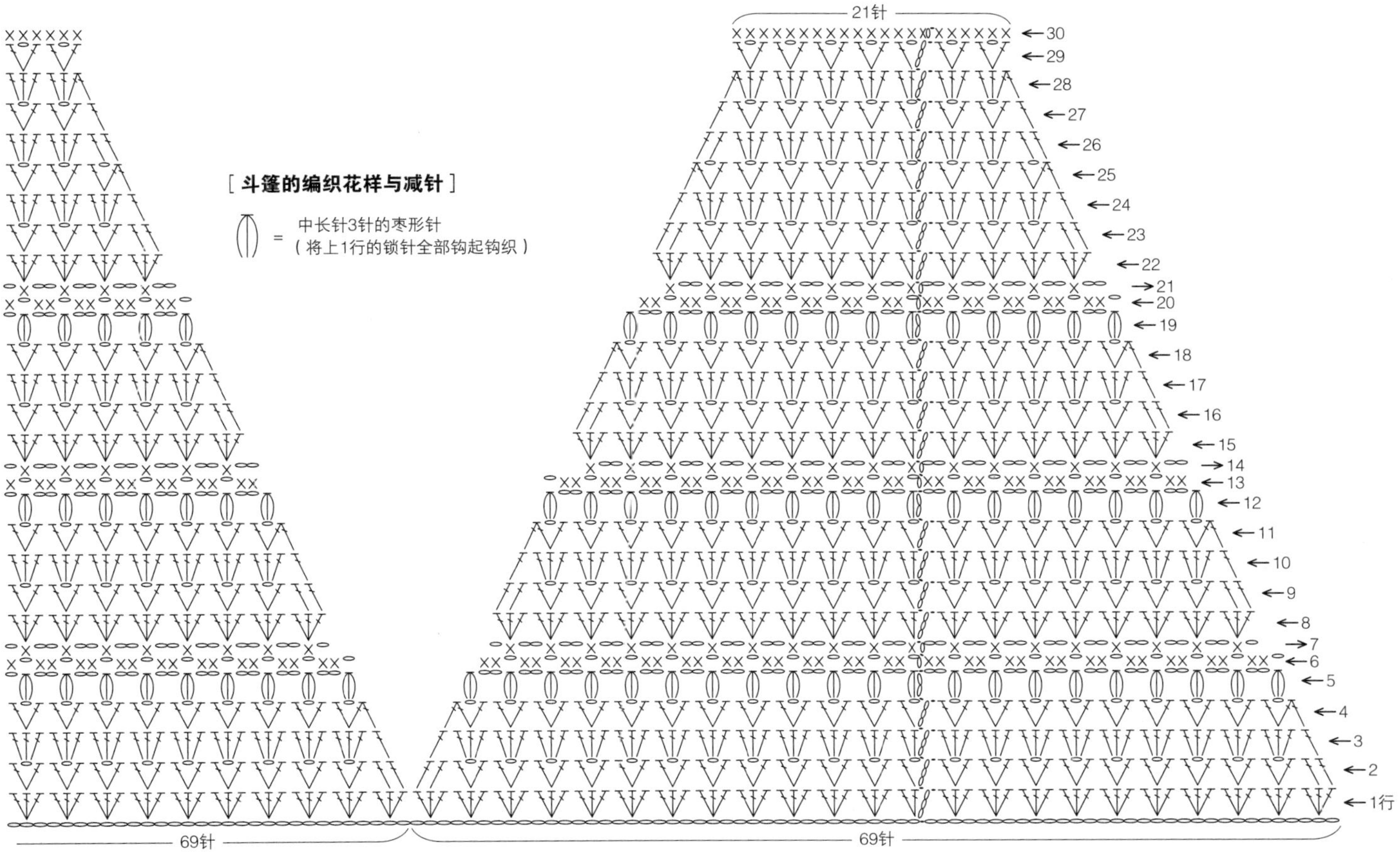

[贝雷帽]

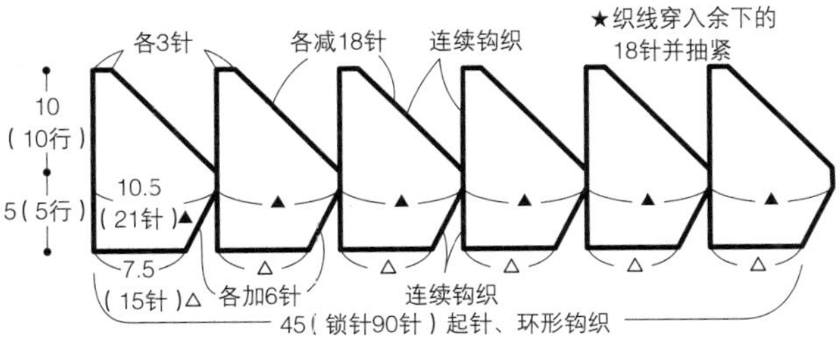

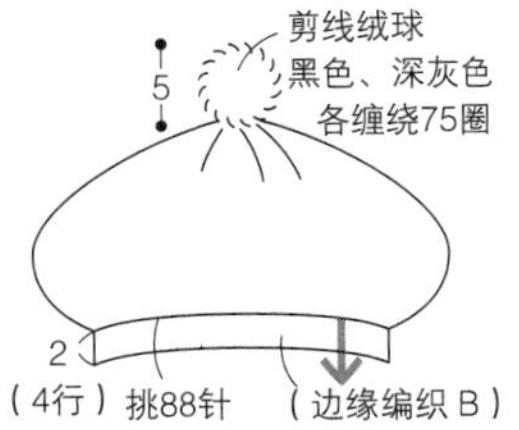

（边缘编织 B）

[贝雷帽的编织花样与减针]

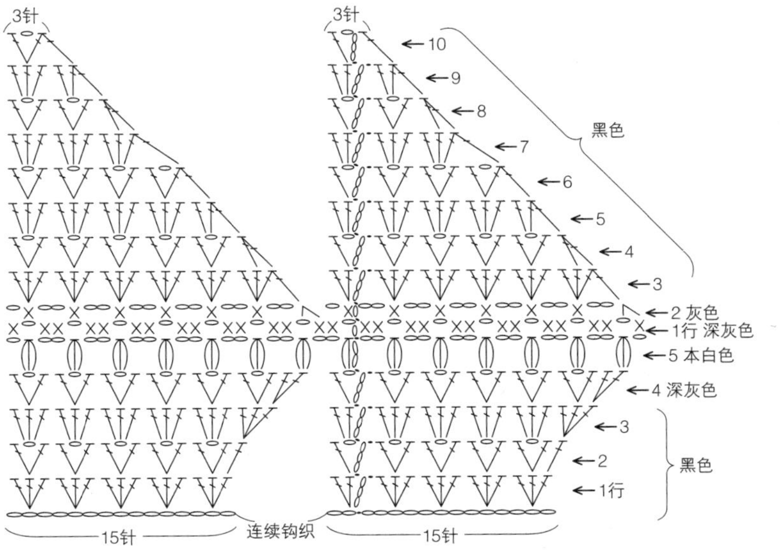

30 玫瑰花帽子、31 玫瑰花披肩 | 27 页

材料

线：和麻纳卡 Fair Lady50(粗)绿色(89) 230g，和麻纳卡马海毛(粗)玫红色(49) 55g、紫色(71)25g

纽扣：15mm 圆形1颗

针：5/0号、6/0号钩针

密度

10cmx10cm 面积内：编织花样20针、10行

钩织方法

★用1股线、5/0号钩针钩织绿色披肩、帽子，6/0号钩针钩织玫瑰花和叶子

披肩

1 织针不加不减，前后连续环形钩织编织花样。15行之后分别在11处减针。

2 减针钩织6行后，为钩织后面开口，往返钩织到领窝的6行。

3 领窝处钩织边缘编织。

4 参照65页用玫红色线钩织玫瑰花，卷绕并锁针缝成花形。钩织紫色叶子，固定在玫瑰花上并装饰在披肩下摆处。

帽子

1 根据头围大小起针，环形钩织11行编织花样。

2 靠近帽顶的6行分别在6处减针，织线穿入余下的针目后抽紧。

3 装饰上和披肩相同的玫瑰花。

［ 披肩的编织花样与减针 ］

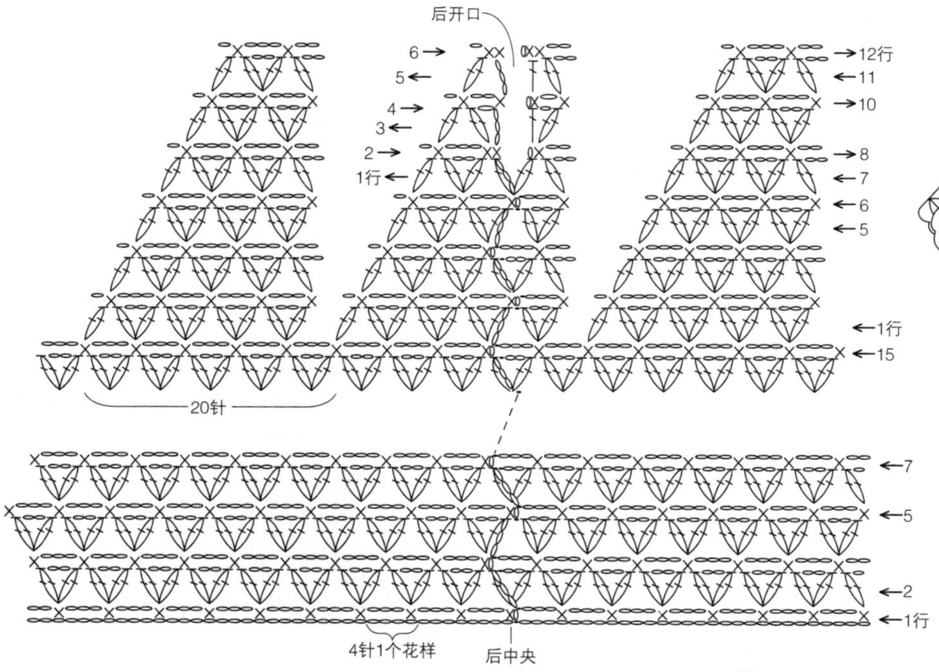

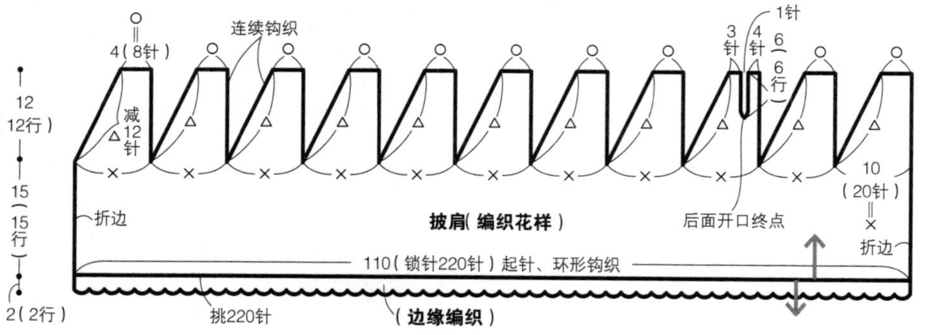

［ 披肩 ］

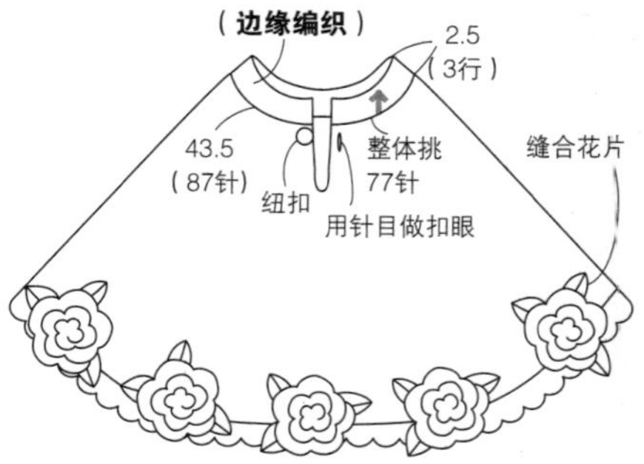

(叶子) 紫色 33枚

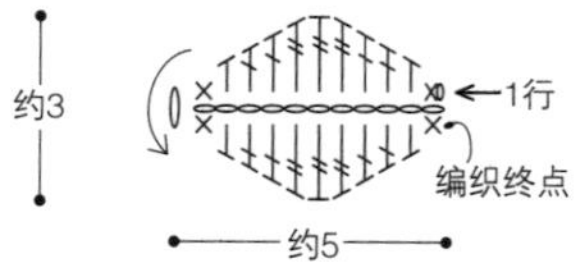

(玫瑰花) 玫红色 11枚

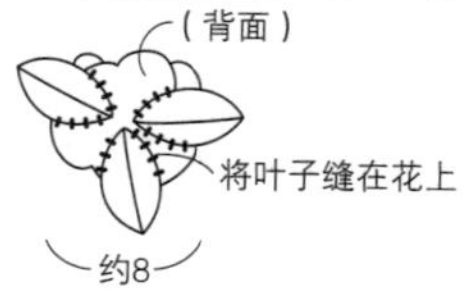

(边缘编织)

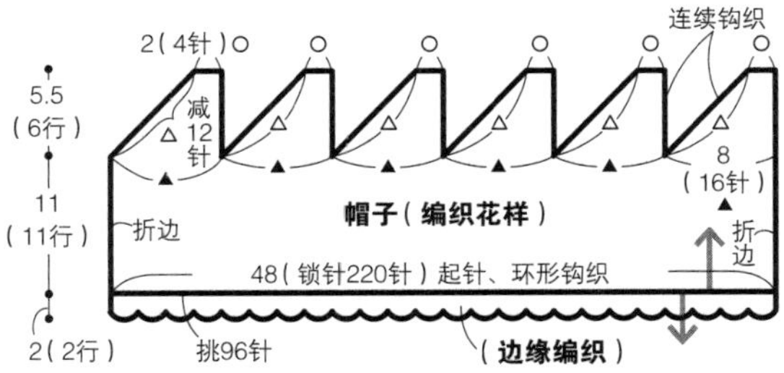

[帽子的编织花样与减针]

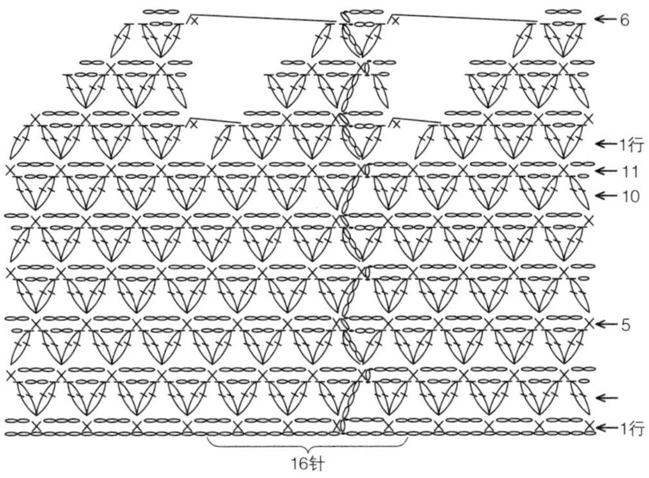

[帽子]

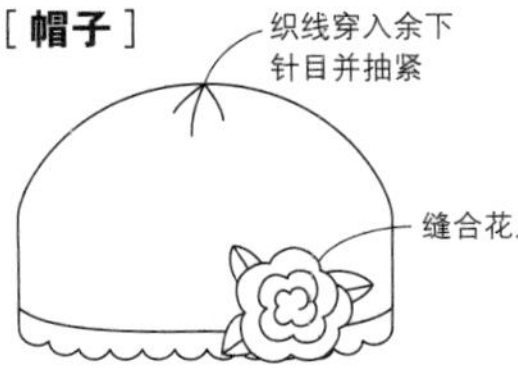

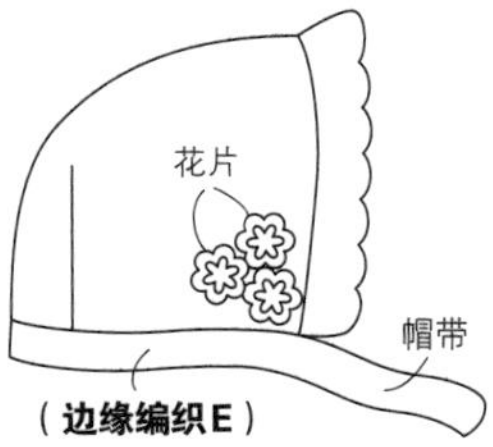

4 有机棉宝贝帽 8页

★有机棉宝宝裙的钩织方法参见38页，装饰领的钩织方法参见41页

钩织方法

★用1股线、3/0号钩针钩织宝宝裙、帽子、装饰领。

帽子

1 从脸周向着头后部钩织编织花样。

2 接缝缝合标记，脸周钩织边缘编织A。颈部接续帽带钩织边缘编织E。

3 右侧缝上与宝宝裙相同的花片，左侧缝上纽扣。

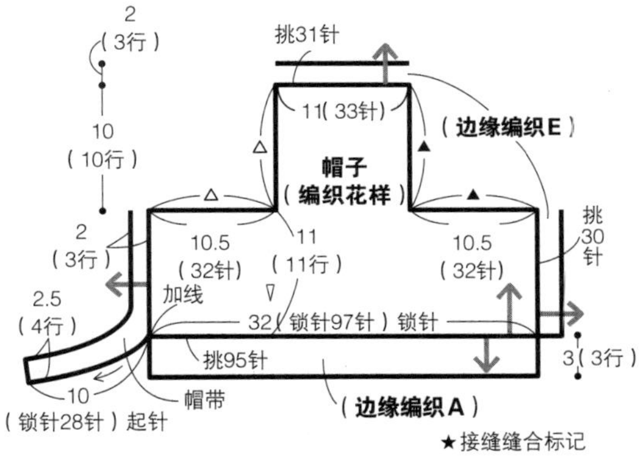

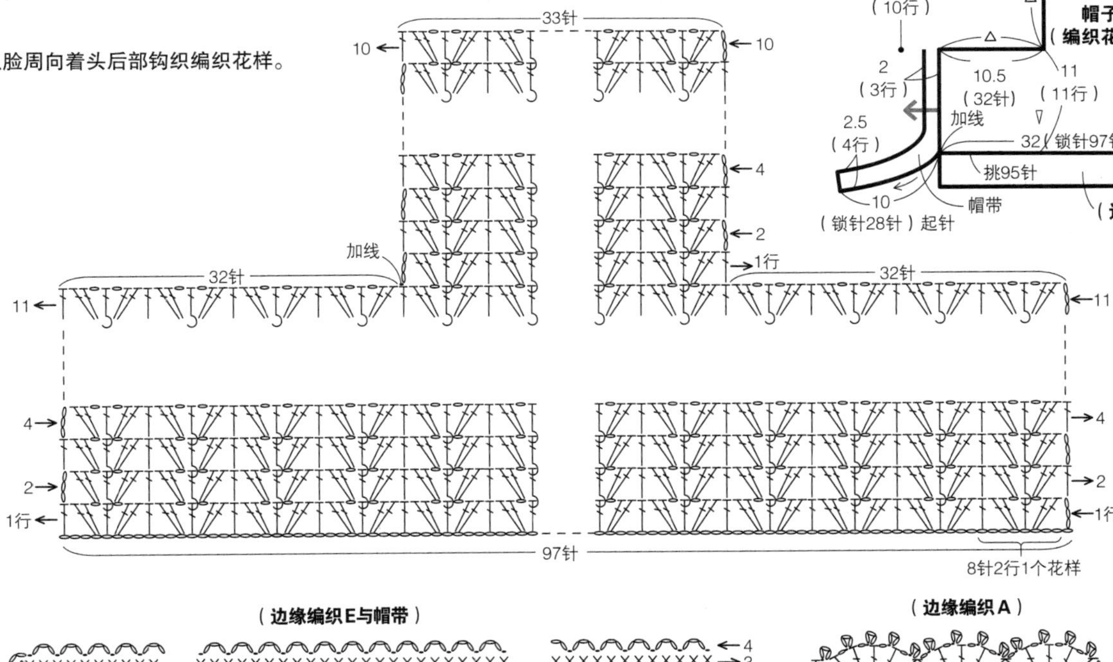

（边缘编织E与帽带）

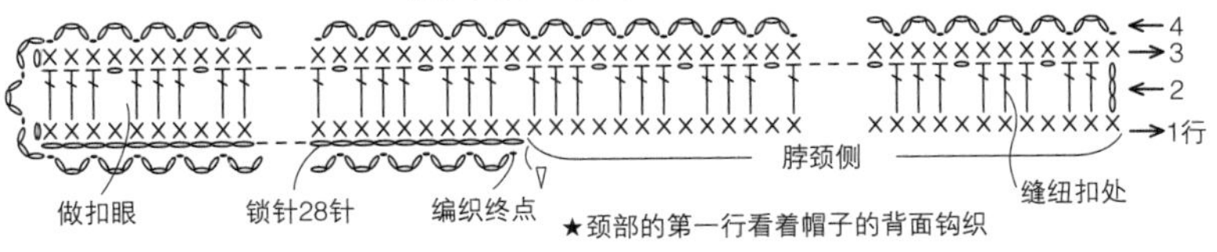

（边缘编织A）

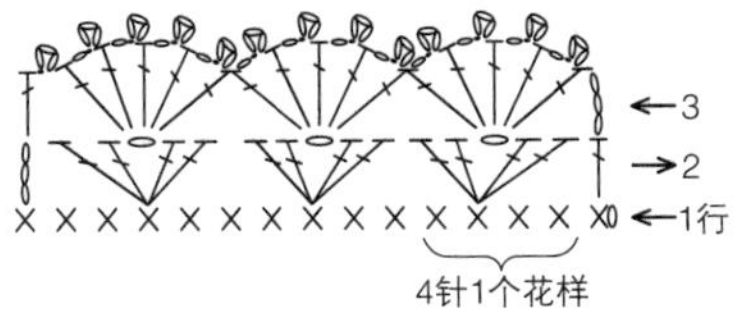

32 花朵宝宝被和外套 | 28 页

材料

线：和麻纳卡 Filed(粗)驼色(2)360g、本白色(1)15g

纽扣：15mm 圆形6颗

针：5/0号钩针

密度

10cm×10cm 面积内：长针钩织21针、10行，编织花样20针、10行

钩织方法

★用1股线、5/0号钩针钩织驼色花朵宝宝被和外套、本白色花片

1 后身片在下摆处起针只做长针钩织。胁部的减针与前身片方法相同。

2 前身片钩织长针和编织花样，衣袖钩织长针。

3 接缝肩部，缝上衣袖，钉缝胁部、袖下。下摆、袖口处钩织边缘编织。

4 风帽从前后领口处挑针，钩织长针和编织花样，接缝帽顶。

5 身片前门襟和风帽脸周连续钩织边缘编织。

6 钩织花片，如图所示装饰衣服。

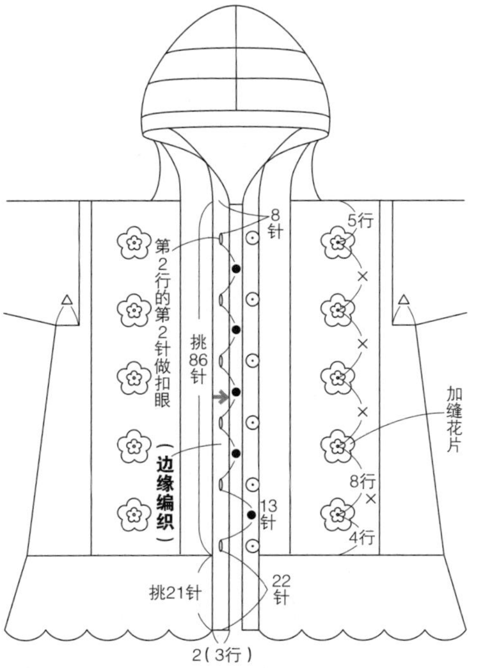

[宝宝被和外套]

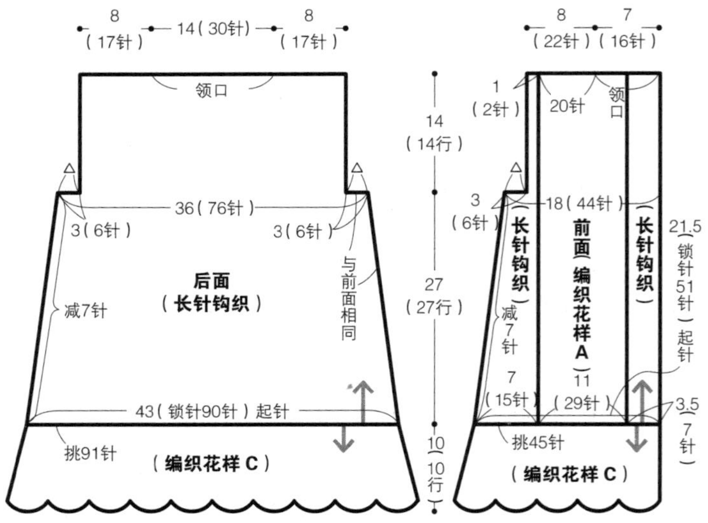

(编织花样C)

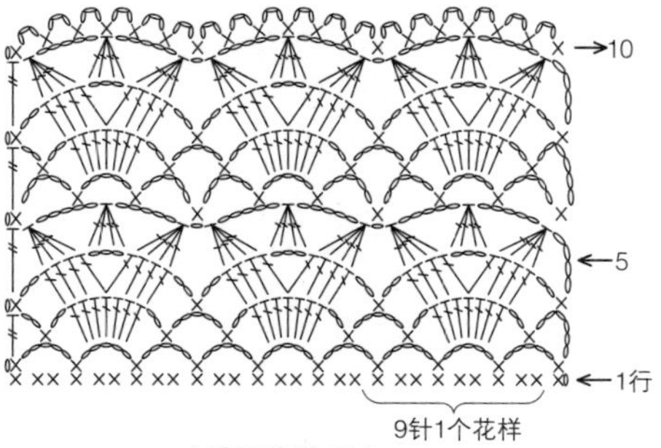

(编织花样C')

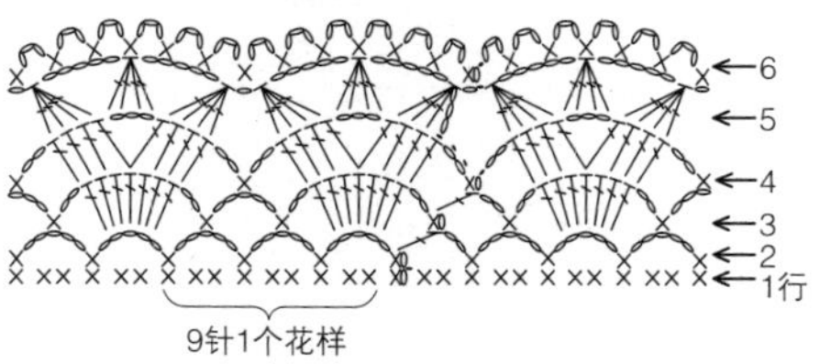

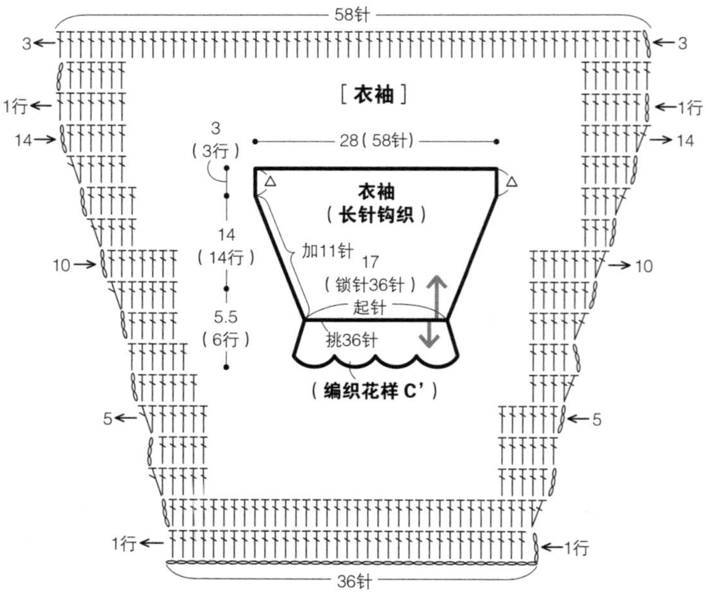

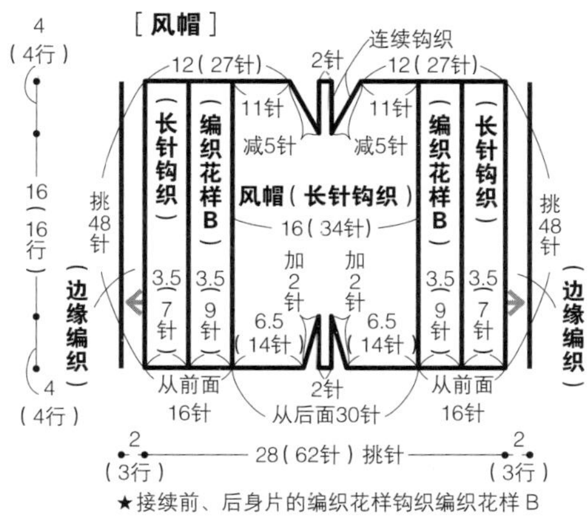
[风帽]
连续钩织
12(27针)
2针
11针
减5针
长针钩织
编织花样B
风帽(长针钩织)
16(34针)
挑48针
加2针
3.5
7针
9针
6.5
(14针)
边缘编织
从前面16针
从后面30针
4(4行)
16(16行)
2(3行)
28(62针)挑针
★接续前、后身片的编织花样钩织编织花样B

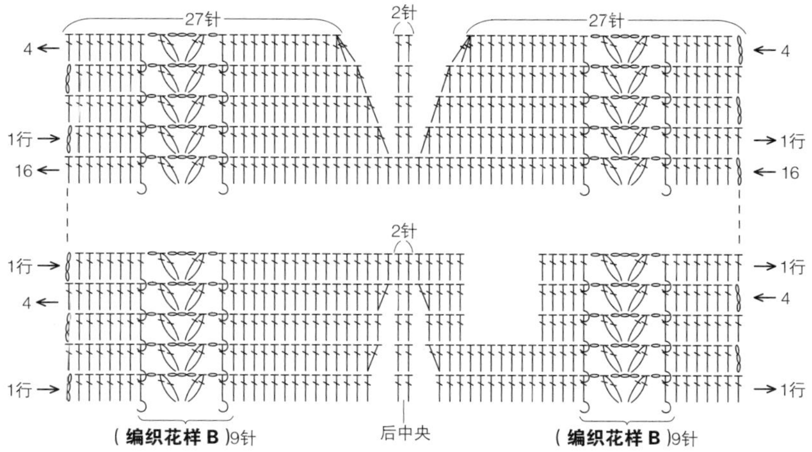
27针
2针
4
1行
16
(编织花样B)9针
后中央

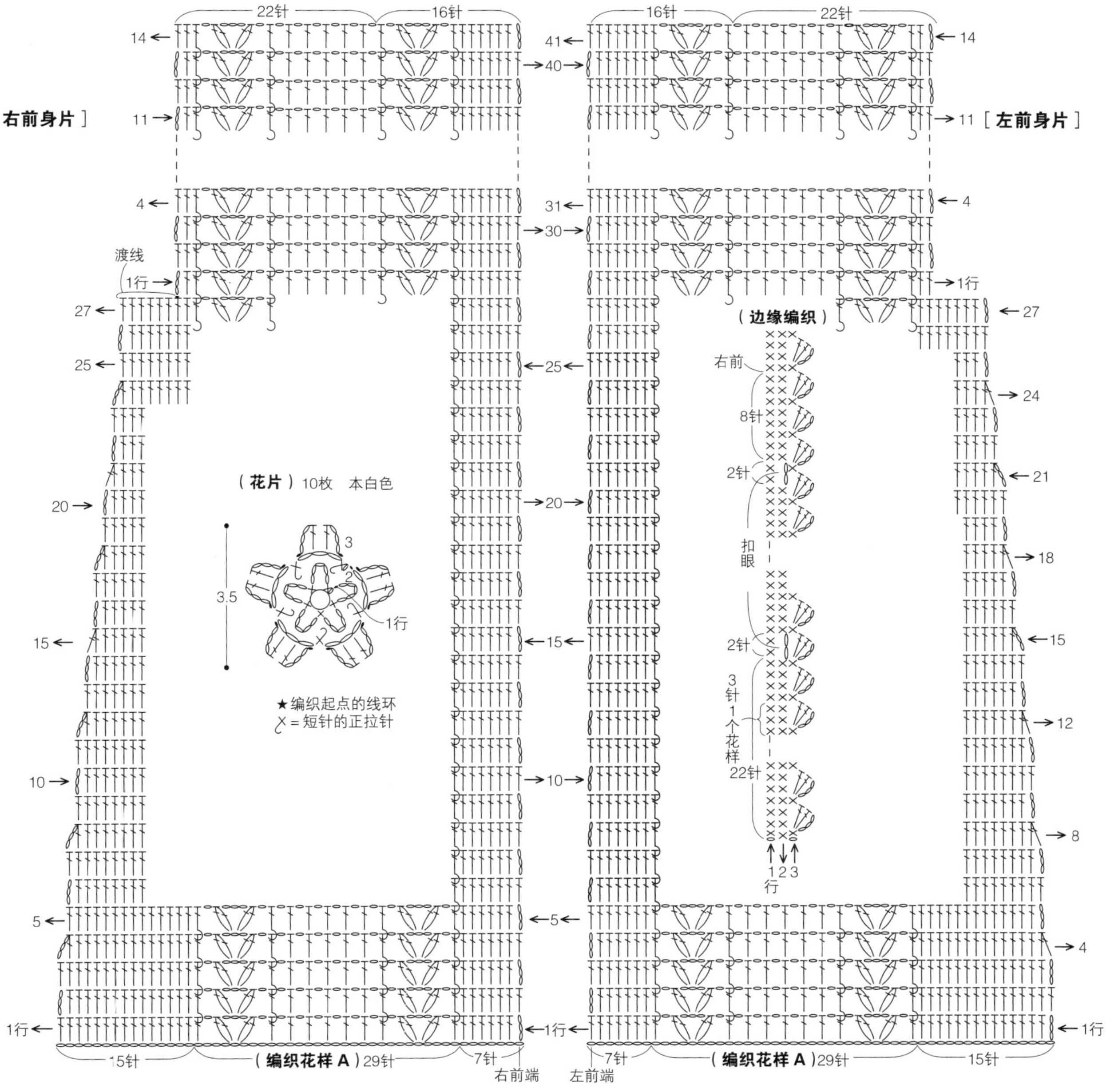
[右前身片]
[左前身片]
22针
16针
14
11
4
41
40
31
30
渡线
1行
27
25
24
21
20
18
15
12
10
8
5
(编织花样A)29针
15针
7针
右前端
左前端
(花片)10枚 本白色
3
3.5
★编织起点的线环
X=短针的正拉针
(边缘编织)
右前
8针
2针
扣眼
3针1个花样
22针
1 2 3行

33 泰迪熊宝宝被和外套 | 29 页

★衣袖、耳朵和泰迪熊的钩织方法参见63页

材料

线：和麻纳卡 Fair Lady50（粗）本白色（2）175g、翡翠绿色（8）125g、蓝色（55）100g、嫩草色（13）50g

纽扣：15mm 圆形黑色10颗

附件：40cm 长式拉链1条

针：5/0号钩针

密度

10cm×10cm 面积内：长针钩织18针、9行，编织花样18针、14行

钩织方法

★用1股线、5/0号钩针钩织

1 前、后身片在下摆处起针钩织长针和编织花样，风帽钩织长针，衣袖按编织花样钩织。变换编织花样的配色线时不需断线，可渡线钩织。

2 接缝身片的肩部，从领口挑针钩织风帽。后中央做加减针钩织，拼缝帽顶处的缝合标记。

3 缝合袖下、腋下，袖口处钩织边缘编织，衣袖与袖窿缝合。

4 用缝线将拉链缝于前门襟处，拉链头上装饰剪线绒球。

5 钩织耳朵和泰迪熊，将耳朵用锁针缝缝在风帽上，泰迪熊用锁针缝缝在身片的下摆处。

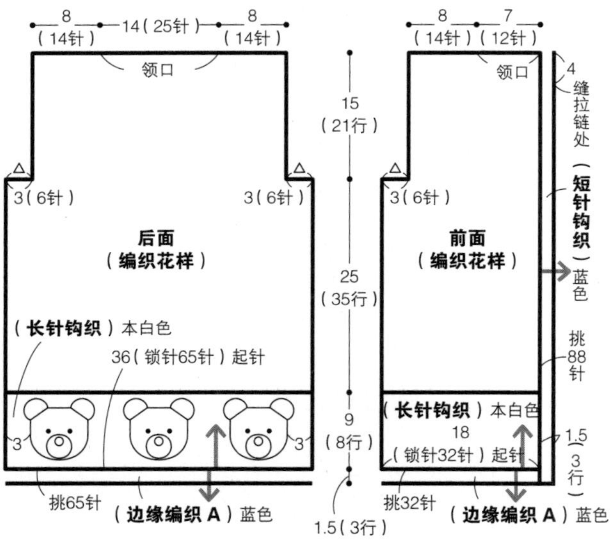

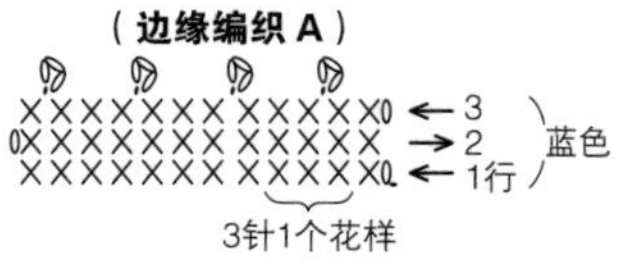

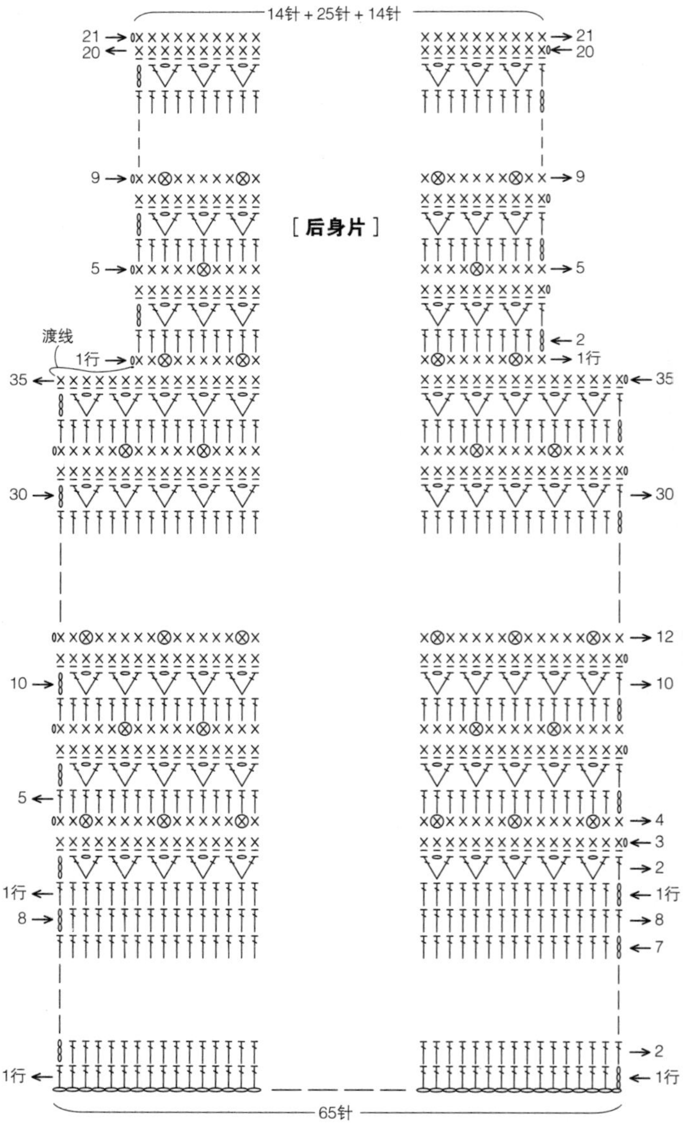

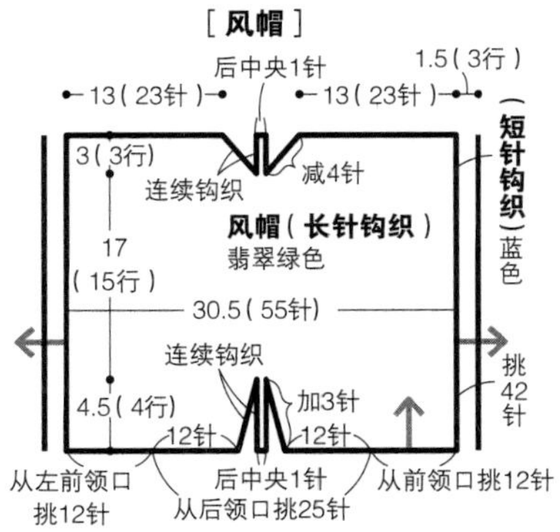

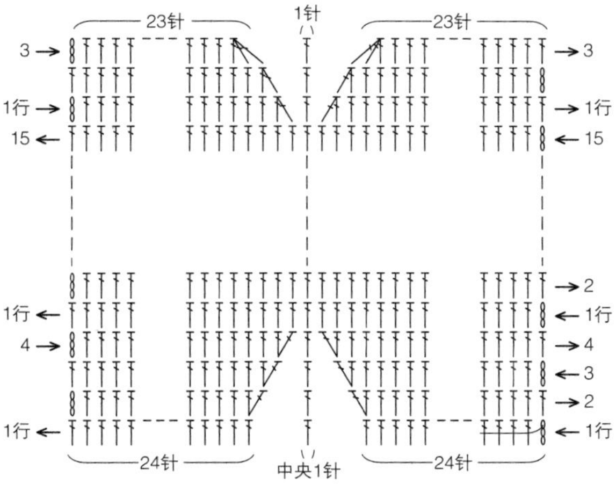

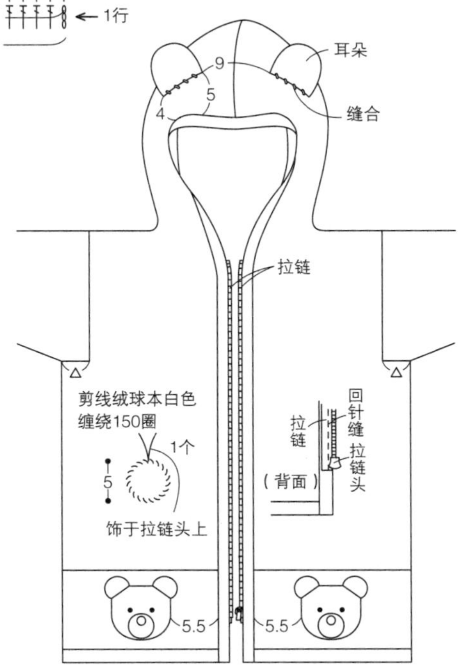

[右前身片]

[左前身片]

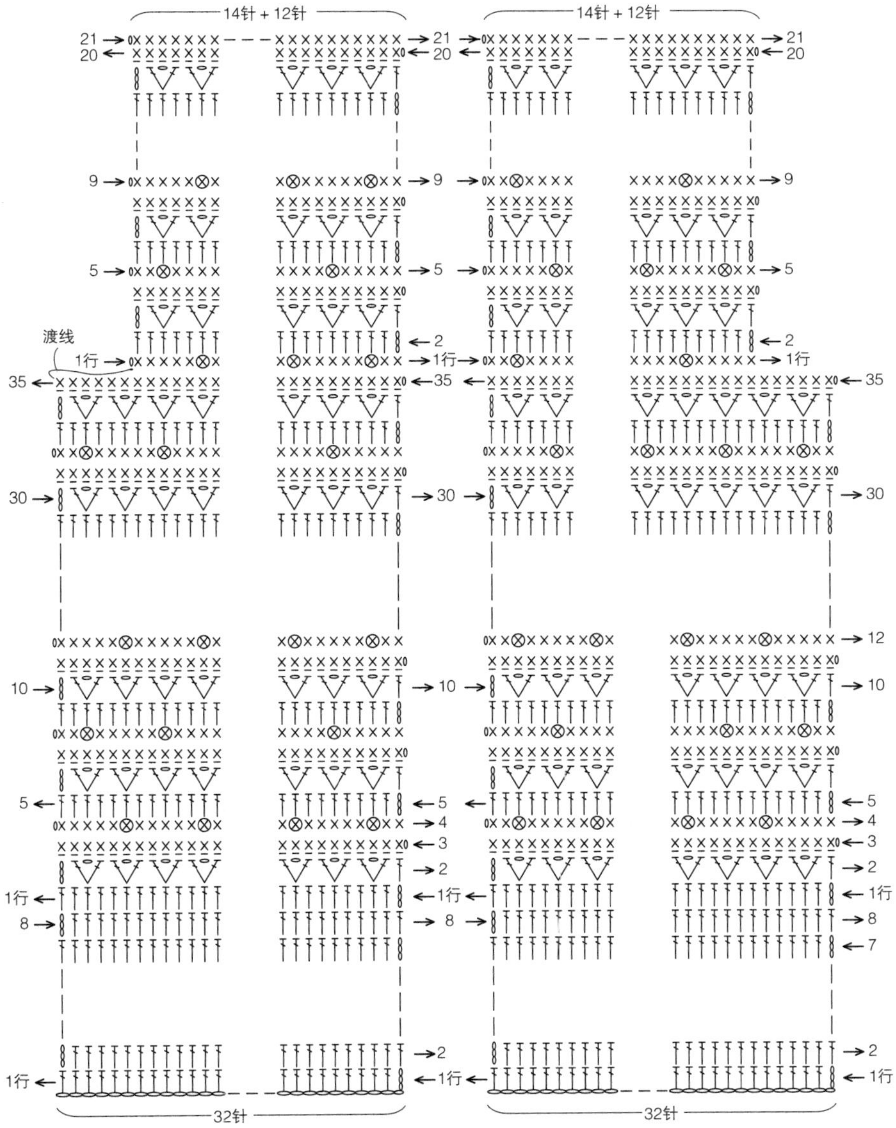

（编织花样）

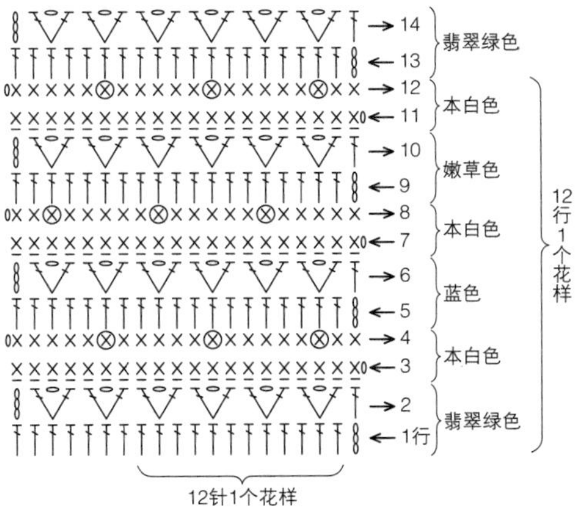

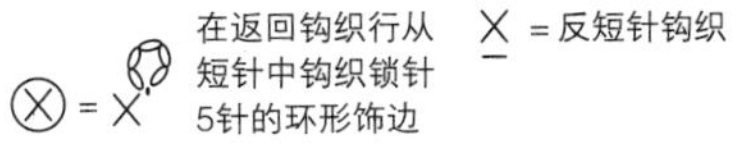

钩针钩织的针法符号与钩织方法

锁针

引拔针

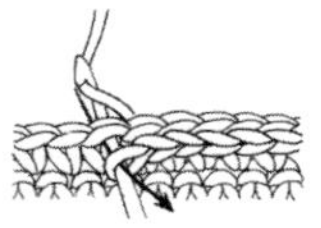

短针

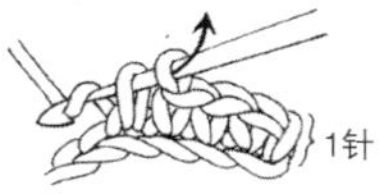

中长针

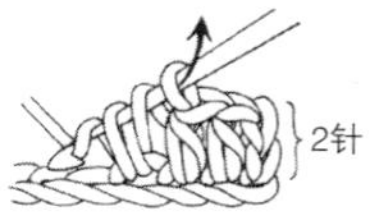

长针

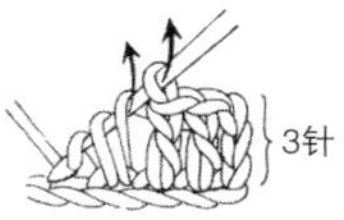

长长针

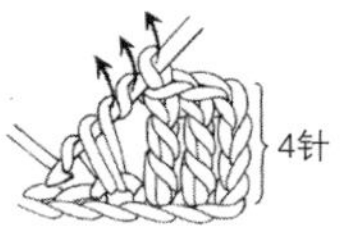

2 针并 1 针（中长针）

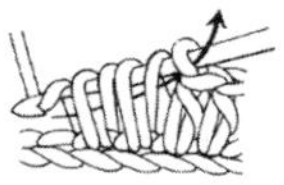

3 针并 1 针（长针）

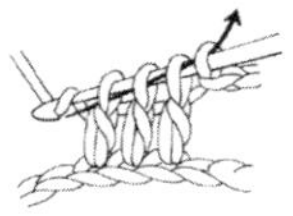

枣形针（长针 3 针）

长针的正拉针

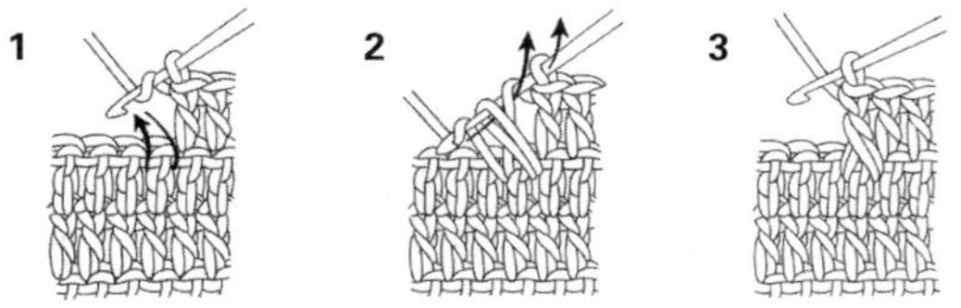

长针的反拉针

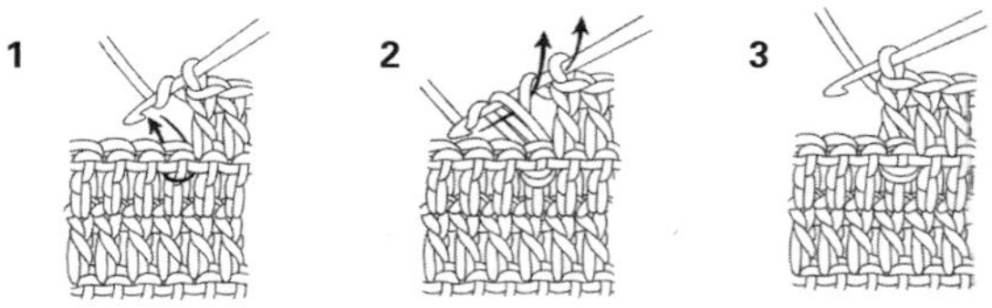

钩针钩织基础

编织起点的线环

用于由中心开始钩织的花片的起始。在双重线圈上织入针目，织入 1 行后紧缩线圈。

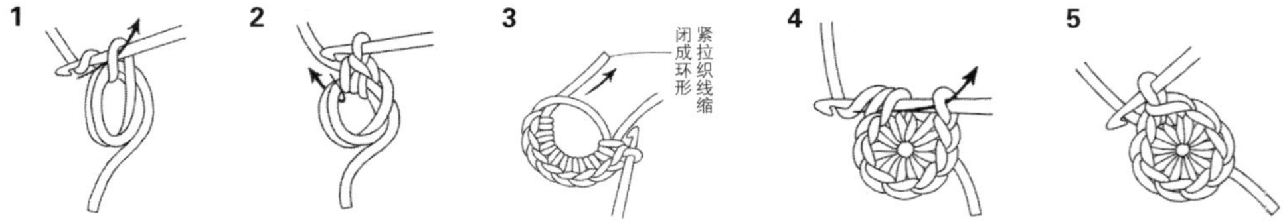

短针的条纹针

看着织片，仅钩起上 1 行针头外侧的针目进行钩织，余下的内侧针目即变作了条纹。

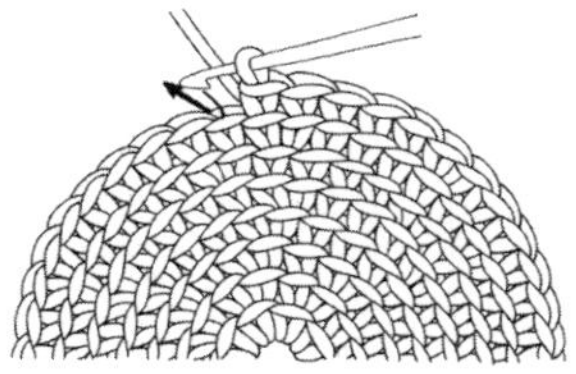

引拔针连接花片

连接处的锁针织到中央的 1 针处，全部钩起相邻的织片，织引拔针连接在一起。

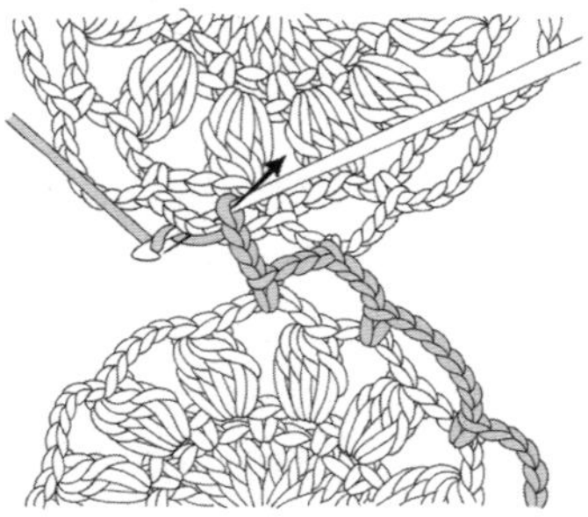

引拔针接缝

织片正面相对对齐。钩起起点处的 2 股线，或者在内侧分别先后钩起 2 股织线进行引拔。

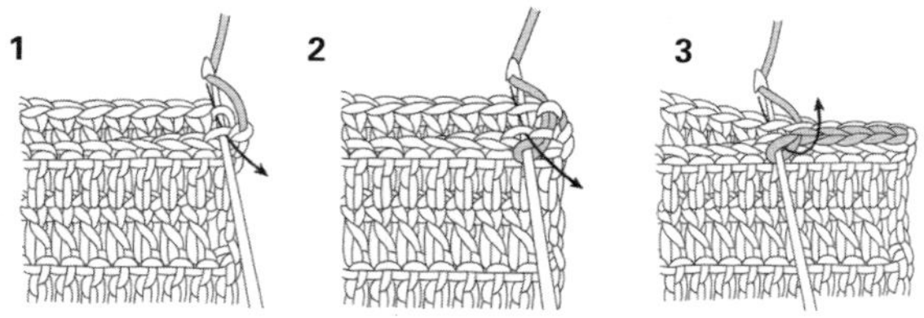

锁针和引拔针的缝合

织片正面相对对齐。缝合起点处引拔起针端，根据 1 行织针的长度钩织锁针，在此行的端头钩织引拔针固定。

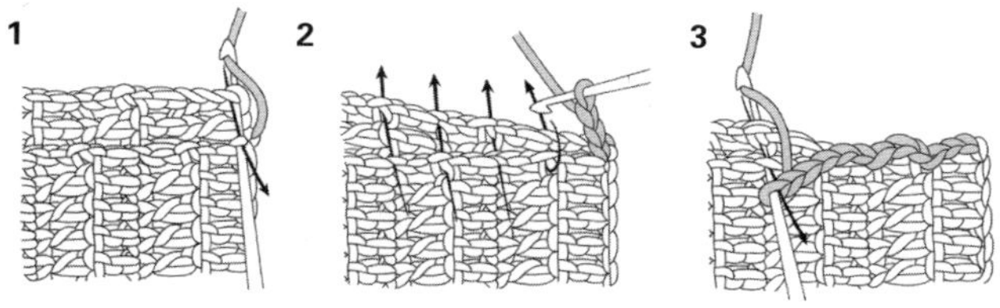

图书在版编目（CIP）数据

萌宝宝的可爱服饰钩织 /（日）川路由美子著；于勇译. —郑州：河南科学技术出版社，2014. 10
ISBN 978-7-5349-7327-7

Ⅰ.①萌… Ⅱ.①川… ②于… Ⅲ.①童服-毛衣-钩针-编织-图集 Ⅳ.①TS941.763.1-64

中国版本图书馆CIP数据核字（2014）第216329号

出版发行：河南科学技术出版社
地址：郑州市经五路66号 邮编：450002
电话：（0371）65737028 65788613
网址：www.hnstp.cn
策划编辑：刘 欣
责任编辑：刘 欣
责任校对：张小玲
封面设计：张 伟
责任印制：张艳芳
印 刷：北京盛通印刷股份有限公司
经 销：全国新华书店
幅面尺寸：213 mm × 285 mm 印张：5 字数：100千字
版 次：2014年10月第1版 2014年10月第1次印刷
定 价：29.80元

如发现印、装质量问题，影响阅读，请与出版社联系并调换。